中华家训代代传

明礼

篇

总 主 编　吴荣山　祝贵耀

本册主编　沈益萍　陈园园

浙江古籍出版社

《中华家训代代传》编委会

顾　　问：屠立平

主　　编：吴荣山　　祝贵耀

编写人员：姚彩萍　　张君杰　　江惠红　　沈凌霞

　　　　　俞亚娟　　蒋玲娣　　姚正燕　　周　佳

　　　　　沈益萍　　陈园园

编者的话

家训是我国传统文化中极具特色的部分，它以深厚的文化内涵和独特的艺术形式真实地反映了时代风貌和社会生活。在孩子人生成长的萌芽期，听一听祖祖辈辈流传下来的话，可以获得丰厚的精神养料，有助于树立正确的"三观"。

曾经家传，而今弘扬。新时代重读优秀的古代家训，就是希望以好家风支撑起全社会的好风气，把家庭的传统美德传承下去。为此，我们策划与编写了《中华家训代代传》丛书。丛书包含"爱国篇""立志篇""勉学篇""孝悌篇"和"明礼篇"五个分册，收录三百则家训。每一分册以"故事会"为引领，结合故事遴选历代家训良言，再配以注释、译文，帮助初涉人世的青少年了解古人的治家典范，学习优秀的家风家训，达到"立德树人"之愿景。

本丛书选编的每一则家训，都经过千挑万选、反复斟酌。这些进德修身、励志勉学、孝老敬长、睦亲齐家、报国恤民的好家训，有三大特点：

经典性。每则家训、每个故事均是中华传世经典，突出爱国、立志、勉学、孝悌、明礼等中华优秀传统文化。在经典的熏陶下，有助于孩子形成健康的品格和健全的人格。

适宜性。每则家训、每个故事均有适宜的思想主题，且适合诵读、易于理解，既能让孩子从小受到传统文化的熏陶，传递正能量，也能为语文学习积淀文言语感、言语思维。

趣味性。每则家训、每个故事短小精悍，那一个个历史故事、寓言故事、名人故事，让家训变得更有魅力、更有滋味。孩子们可以一边品着妙趣横生的故事，一边读着寓意深远的家训。

本丛书以正确的理念引导孩子，以规范的家训约束孩子，以优良的家风塑造孩子，以生动的故事感染孩子，以典型的人物影响孩子。

"爱国篇"以弘扬爱国主义精神为核心，引导孩子深刻认识"中国梦"的含义，以增强国家认同感和自豪感，培养自信、自尊、自强的健康人格。"立志篇"以培植正心笃志的人格为重点，引导孩子从小树立远大的志向，明白立志、立长志的重要性，懂得志向不在大小，而在奋发向上、矢志不渝、初心不改。"勉学篇"以锤炼积极进取的态度为目的，引导孩子明白"好学"还需"力行"、"温故"又能"知新"的道理，做到"学""思"合一、"知""行"合一。"孝悌篇"以感恩父母、孝敬长辈为主题，引导孩子树立尊亲、敬亲、养亲、顺亲、谏亲的孝道观，懂得感恩与回报。同时"老吾老以及人之老"，做到尊师、敬老。"明礼篇"以完善道德品质为追求，引导孩子养成良好的行为习惯，正确处理个人与他人、个人与社会、个人与自然的关系，从小做一个辨是非、知荣辱、明礼仪的好孩子。

学习家训，也要与时俱进，要善于利用现代媒体和手段去搜索，要善于紧跟时代的潮流和步伐去践行。《中华家训代代传》向孩子们的学习和生活开放，向社会的建设和创新开放，向国家的需要和发展开放，让孩子们去认同、去传承、去创造，在"家训"里成长，向着阳光，向着未来！

目 录

CONTENTS

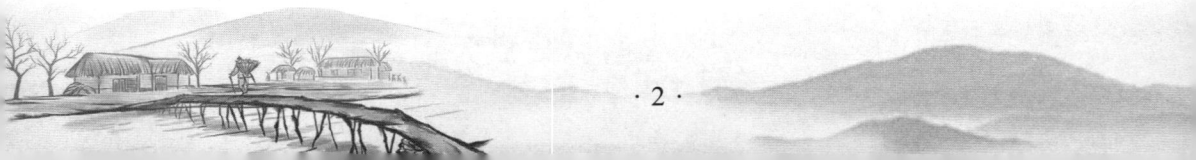

人家不论贫富贵贱，只内外勤谨，守礼畏法，尚谦和，重廉耻，是好人家。

1. 营造整洁的生活环境

赵盾礼退杀手

春秋时期，晋国有位大臣叫赵盾，他忠诚正直，奉公节俭，很受百姓称许。当时的国君荒淫无道，赵盾便时时处处劝谏君王。然而，君王不但不纳谏，还因此非常憎恶赵盾。

有一天，君王突然起了歹念，他想："这个赵盾总是不顺我意，跟我唱对台戏，不如派人解决了他，除去这个眼中钉！"于是，他雇了名身手不凡的杀手，吩咐他尽快杀了赵盾。

这个杀手名叫钮麑（chú ní），他接到君王的命令，自然不敢耽搁。第二天凌晨，他便摸黑潜伏到赵盾家中。他敏捷地翻过墙进入院内，屏住呼吸，蹑手蹑脚地摸索着前行。

这时，钮麑见不远处一间房舍内有亮光，便轻手轻脚地朝这间房舍走去。房舍的门是开着的，里面有人影！钮麑心里一震，赶紧闪到不远处一棵树后藏身。他偷偷朝屋内观望，只见赵盾已穿好了朝服，戴好了朝冠，正端坐在几案前闭目养神，等待着上早朝。几案上，卷册、笔墨都收拾得井井有条。

钮麑见了此情此景很是惊讶，不由自主就退了出来，心里感慨道：赵盾独处时都毕恭毕敬，居室整洁，穿戴整齐，绝对是国家的栋梁啊！怎么也不像君王口中的无礼之辈。钮麑犯了难：假如我杀了他，这是不忠，对不起国家，对不起人民；假如我不杀他，就失信于君王，这是不信。不忠不信，我哪能在世上做人呢？最后，钮麑就撞槐树自杀了。

聆听家训

黎明即起，洒扫庭除①，要内外整洁；既②昏便息，关锁门户，必亲自检点③。

——[清]朱柏庐《朱子家训》

①庭除：庭院。
②既：已经。
③检点：检查，查看。

译文

天亮了就起床，先洒水把庭院打扫干净，要让室内外都整洁；天晚了就要休息，睡前关好门窗，必须亲自查看。

小叮咛

赵盾对居家环境、个人仪容的打理，让杀手心生钦佩，不惜牺牲自己挽救国之栋梁。小朋友，重视居室整洁、衣冠整齐、仪容端正，是对礼仪的最基本践行。希望你每天以此审查一下自己哦！

2. 衣着要舒适得体

北宋版"犀利哥"

　　王安石是北宋著名的思想家、政治家、文学家、改革家。他自幼勤奋好学、博览群书，后来官至宰相，名扬天下。他还是"唐宋八大家"之一。这样光鲜亮丽的王安石，据说在生活上却是不拘小节。他总是不修边幅，很不讲卫生，称他为北宋版的"犀利哥"毫不为过。

　　据说王安石很不爱洗脸、洗澡，以致脸上积了厚厚一层污垢。他的家人见他脸色发黑，都以为他生了重病，就赶紧去请郎中来诊治。郎中一见，轻描淡写地说道："这哪是什么病，只是脸上老泥太厚重啦，洗一洗就好啦！"

　　家人便立马端了热水，拿了皂荚子，请王安石洗脸。谁知王安石毫不领情地说："我天生就长这么黑，再怎么洗也洗不白，别瞎折腾、浪费时间了！"

　　王安石的卫生习惯简直到了恶心人的地步，他可以随时从衣服里捉出几只

一朝变法，千载讴歌

虱子来。有一次，皇帝召见几位大臣一起商议国事。谈话间，一只虱子从王安石的衣领里爬出，顺着他的胡须蜿蜒而上。皇帝看见后，不由自主笑出了声。其他几位大臣顺着皇帝的目光一看，也忍俊不禁。王安石却丝毫没有察觉，继续滔滔不绝地谈论。

退朝后，王安石好奇地问一位大臣，刚才皇帝为何发笑。这位大臣便风趣地说起了虱子爬在他胡须上荡秋千的事。王安石听后，尴尬不已。

聆听家训

凡著①衣，常加爱护。饮食须照管，勿令点污。行路须看顾，勿令泥渍。
　　　　　　　　——[明]屠羲时《童子礼》

①著（zhuó）：穿。

译文

凡是穿衣服，要时常加以爱护。饮食必须看管好，不要染上污渍。走路时必须看顾好，不要沾上泥渍。

小叮咛

"衣贵洁，不贵华"，穿着打扮应以舒适得体为要，保持干净整洁。一个人的外在形象往往反映出一个人的内在修养，衣冠不整但内在修养很高的人毕竟是少数，即便如王安石，仍有不少人厌弃他。所以，小朋友，我们应从小养成良好的个人卫生习惯，衣冠整洁得体。

3. 懂礼孝敬父母

🔹故事会🔹

郯子鹿乳奉亲

周朝时期，鲁国有一位贤人，名叫郯（tán）子。郯子虽然出生在一户普通的农民家庭，但父母对他自小进行严格的管教。无论穿衣吃饭、坐卧玩耍，还是读书写字、待人接物，时时刻刻都注重培养郯子良好的生活习惯和规范的礼节。

郯子非常孝顺，他时刻体恤父母的艰辛，总是帮衬着父母做家务、干农活，给父母解闷。郯子的孝顺体贴，为父母的生活带来了无尽的快乐。

郯子渐渐长大成人，父母却在渐渐老去，不幸的是，两位老人都得了眼疾，眼睛看不清东西，不多久就失明了。这让他们的日常生活很不方便。孝顺的郯子看在眼里，痛在心里。他一边悉心照顾、安慰父母，一边加紧

鹿乳奉亲

寻医问药。在他的照顾和安慰下，双亲的心情恢复了不少。

有一天，郯子听一位郎中说，喝野鹿乳可以强健身体，对治疗眼疾有奇效。他就打定主意要让父母喝上鹿乳，医治好他们的眼睛。可是，母鹿是不会轻易让人采集乳汁的，这可怎么办呢？郯子绞尽脑汁地思索着。一天，他看见村里一群小孩在玩老鹰捉小鸡的游戏，那个扮成老鹰的小孩手里握着几根鸡毛，舞动双臂模仿着老鹰的翅膀。郯子出神地看着，看着……忽然，他欢快地往家里飞奔而去，兴奋地喊着："我有办法啦！我有办法啦！"

他决定乔装打扮成一只鹿！他问邻居借了一件鹿皮的衣服，第二天一早便披上鹿皮，扮成小鹿，钻进深山寻找鹿乳。由于郯子装扮十分逼真，还模仿小鹿的姿势和动作，他终于混进了鹿群而没有引起母鹿的怀疑。郯子小心翼翼，如愿以偿地得到了鹿乳。

正当他心满意足想要悄悄离开鹿群的时候，恰好被几个猎人看见了。猎人们一看到"猎物"，就立马左手拿弓，右手搭箭，准备射杀。郯子见状，慌忙立起身来，喊道："别射箭！千万别射箭！我不是鹿！"这一喊，把真鹿都吓得一溜烟儿跑走了。

猎人们还以为是遇到了"鹿精"，十分惊讶。郯子上前，将实情告诉猎人："我不是鹿，只是穿着鹿皮。因家中父母不幸失明，听说鹿乳可以医治，所以我特意到山里寻找一些回去，希望他们的眼疾快点好起来。"

猎人们听后，被郯子的孝行深深感动，不住地称赞郯子是个大孝子。猎人们纷纷为郯子出主意，最终决定以后无论谁上山猎鹿，都会帮郯子取些鹿乳回来。

父母在堂[1]，必昏定晨省，出告反[2]面，服劳奉养，愉色婉容[3]，事必禀命，游必有方[4]。

——[明]张永明《张庄僖家训》

① 在堂：父母健在。
② 反：同"返"，返回。
③ 愉色婉容：神色和悦，面色柔和。
④ 方：一定的地方。

译文

父母健在，就必须晚上侍奉休息，早晨起来看望问候；外出和返回都要禀告父母，服侍奉养父母要和颜悦色，有事就要向父母请命，要是出游就要告知去处。

小叮咛

如果一个人是浮在生命之海上的一叶扁舟，那么家人就是舵，就是桨；如果一个人是飘在天空中的一只风筝，那么家人就是攥在手心的线。家是出发点，也是目的地。如山的父爱，似水的母爱，守护着我们健康成长。小朋友，我们都应该向郑子学习，孝敬、体贴父母，说舒心话，做暖心事。

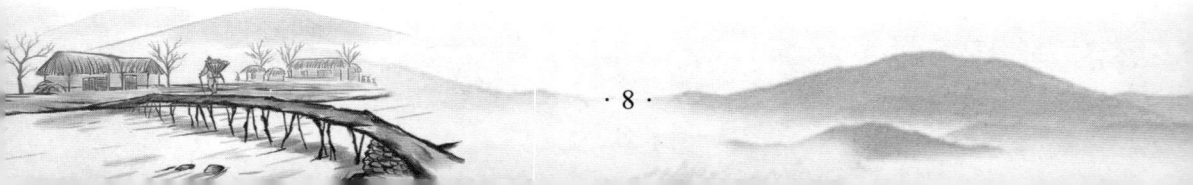

4. 不忘养育之恩

方观承千里探亲

方观承是清代安徽桐城人，是乾隆年间的名臣，为乾隆"五督臣"之一。他为官期间体恤百姓疾苦，爱民如子，更是以孝名闻天下。方观承千里探亲的故事，历来被人们传为美谈。

方观承出身于官宦世家，他的祖父、父亲都曾是朝廷命官，祖父方登峄曾任工部主事，父亲方式济曾任内阁中书。然而，一场从天而降的文字狱，使方家不幸成了悲惨的牺牲品。祖父、父亲被流放到黑龙江充军服刑，方家家产被如数没收充公。一时间，方家"门庭冷落车马稀"，昔日的亲朋好友都避而远之。方观承兄弟俩因年龄幼小，虽然被免于流放，但因无依无靠，只得暂时到寺庙中栖身，靠僧人接济为生。

在寺庙中，方观承兄弟时常食不果腹，备尝艰辛。尽管如此，兄弟俩心里最惦念的还是远在边疆的祖父和父亲。方观承很想到两位长辈身边，以尽自己的孝道。有一次，他鼓足勇气，向寺庙的长老恳求道："我们的祖父、父亲身在千里之外，他们对家中的亲人肯定是牵肠挂肚、望眼欲穿。我们兄弟如果能前往，一定会给他们

一些安慰。请长老恩准，让我们兄弟二人启程。"

长老非常欣赏方观承兄弟俩的孝心，但是因为二人年幼，且路途遥远，途中艰难险阻难料，便极力劝阻。方观承再三恳求说："若是能在二老面前尽孝，我们受点磨难，吃点苦头，又有什么关系呢？希望长老能体谅我们的这番孝心，准许我们择日前行。"

最终，方观承的义举感动了长老，长老还送给他们路费，亲自送他们踏上探亲之路。一路上，方观承兄弟俩跋山涉水，风餐露宿，相依相持。他们精打细算，省吃俭用，但路费还是很快用光了，衣服也破了，鞋子也磨穿了，脚上生出了许多血泡、老茧，但他们并没有放弃，有时靠挖野菜、摘野果来充饥，有时靠沿街乞讨……

几个月后，兄弟俩终于来到了边疆，找到了在这里服刑的祖父和父亲。二老看着这两个坚强、孝顺的孩子，不禁老泪纵横。

之后的十几年间，方观承多次往返南北看望自己的祖父和父亲。他在二老的勉励下刻苦读书，最终成了一位学富五车、见多识广的饱学之士，官至直隶总督、太子少保。方观承敬爱长辈、千里探亲的故事一传十、十传百，很快家喻户晓，被世人所称赞。

聆听家训

不爱其亲而爱他人者，谓之悖①德；不敬其亲而敬他人者，谓之悖礼②。

——[春秋]孔子《孝经》

①悖（bèi）：违背。
②礼：礼法，规则。

丑次同车（选自《孔子圣迹图》）

不爱自己的父母而去爱其他人，这就叫作违背道德；不尊敬自己的父母而去尊敬别人，这就叫作违背礼法。

方观承兄弟即使风餐露宿，衣衫褴褛，都在所不惜，坚持要给亲人带去慰藉，让我们深深感受到他们识大体、明大礼的风操。是啊，父母对我们的养育之恩是世间任何东西都不可比拟的。小朋友，我们要懂得从敬爱身边的亲人开始，再推及他人。

5.尊长爱幼，以和为贵

孔融让梨

东汉时期，有个名叫孔融的小男孩，他聪明好学，才思敏捷，还非常懂礼节。长辈们都很喜欢他。孔融生活在一个大家庭里，他上有五个哥哥，下有一个弟弟，兄弟七人相处得十分融洽。

有一天，孔融的母亲买了很多梨，洗干净后盛放在一只盘子里让孩子们自己拿着吃。黄澄澄的梨，散发着清甜的果香，十分诱人。

哥哥们让孔融和最小的弟弟先拿。孔融看了看盘子中的梨，发现梨有的大有的小，他不挑好的，不拣大的，只拿了一只最小的，然后端着盘子，按照长幼顺序，将其他的梨分给大家吃。

孔融

父亲看见孔融的举动，心里很是欣慰，心想：别看这孩子才刚刚四岁，却懂礼知礼，明白家人间要和睦、谦让，懂得把好的东西

留给兄弟呢。

于是，父亲故意问孔融："孩子，盘子里有这么多的梨，又让你先拿，你为什么不拿个大的，偏偏只拿一个最小的呢？"

孔融抬头望着父亲，回答道："父亲，我年纪小，就应该拿个最小的，大的应该留给哥哥们吃。"

父亲听后十分惊喜，接着又问道："那弟弟不是比你还要小吗？照你这么说，他才是应该拿最小的一个才对呀？"

孔融不假思索地说道："我的年龄比弟弟大，我是哥哥，所以应该让着弟弟，把大的留给弟弟吃。"

父亲听孔融这么一说，便哈哈大笑道："好孩子，好孩子，你真是一个好孩子，懂得谦让，懂得尊长爱幼啊！"

孔融四岁，知道谦让，上让哥哥，下让弟弟。很快，孔融让梨的事就传遍了全国，大家听后都对他啧啧称赞。

聆听家训

立身之道，内刚外柔；肥家①之道，上逊②下顺。不和不可以接物，不严不可以驭③下。

——[清]曾国藩《曾国藩家书》

① 肥家：治家；一说发家致富。

② 逊：谦逊。

③ 驭：管理。

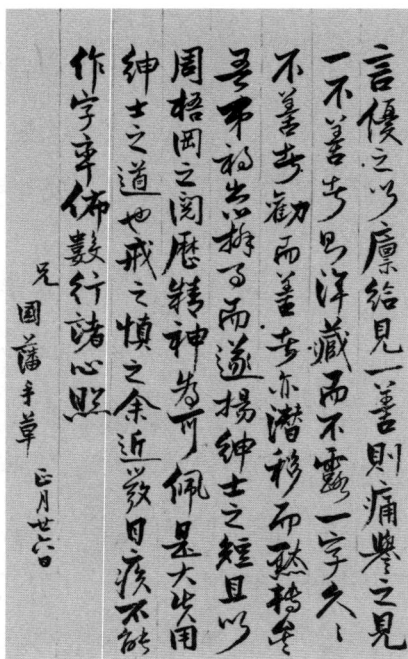

曾国藩手书

为人处世的方法是内心刚正、外表柔和，治家的方法是对长辈谦逊、对晚辈爱护。不和睦就不能与人交往，不严格就不能管理下属。

"融四岁，能让梨。弟于长，宜先知。"这是《三字经》里的话，称赞的就是孔融尊长爱幼的优秀品质。小朋友，一个家如果要兴盛发达，就必须懂得"尊长爱幼，以和为贵"的道理。只有一家人和和睦睦，日子才能蒸蒸日上。

6. 兄要友，弟要恭

王泰推枣

南朝时期，梁国有一个叫王泰的人。他幼年就聪颖好学，悟性颇高，他曾亲自抄写图书 2000 余卷。他还是个谦虚懂礼貌的孩子。小时候，王泰和叔伯家的孩子们年龄相差不多，兄弟姐妹们天天都在一块儿读书、玩耍，日子过得非常开心。

他们的奶奶非常疼爱这些可爱的孙儿们，每当她看到孙儿们在一起玩得高兴，她就觉得心满意足。奶奶那儿经常留着许多好吃的东西，她自己从来都舍不得吃，总是拿来分给这群可爱的孙儿们。

有一天，王泰和兄弟姐妹们又在一起玩耍，奶奶拿来了许多红枣、栗子，倒在桌上，慈祥地说："孩子们，这些都是你们的，快过来一起吃吧。"

兄弟姐妹们一见又有好东西吃，赶紧都围了过去，生恐迟了就没得吃了。他们一手抓红枣，一手抓栗子，你拥我挤，乱成了一团。只有王泰一个人站在一边静静地看着，一点儿也不着急。

奶奶知道王泰最喜欢吃枣子了，见他站在一旁无动于衷的样子，就招呼王泰到身旁，和蔼地问道："你不是最爱吃枣子吗？怎么不过去拿呢？"

王泰用手指着兄弟姐妹们，回答说："奶奶，您让弟弟妹妹们先拿吧！我吃剩下的就行啦！"

奶奶听了很是欣慰，忍不住直夸道："我的宝贝孙子真懂事呢！"转而又问："可是，万一枣子和栗子都被兄弟姐妹们吃光了，那该怎么办呢？"

王泰笑着说："奶奶，没事的，我们兄弟姐妹之间本来就应该谦让呀！"

别的孩子们听到这，都安静了下来，羞愧极了。亲戚们都很赞赏王泰这种礼让他人的美德，认为他长大后必定有出息。

后来，王泰长大后成了一个温和儒雅、富有才能的人，官至吏部尚书，并且全权掌管了南梁的图书馆。

太平乐事册页（明·戴进）

教之谦让。非惟①在大人之侧，使其循规蹈矩。即兄弟姊妹一同嬉戏饮食，少者必后长者，彼此尽让，不可争长竞短。

——[清]纪昭《养知录》

① 惟：只，只是。

译文

要教导孩子谦虚礼让。不只是在大人的身旁，让他遵守规矩。即使是兄弟姐妹一起玩耍、吃喝，年纪小的必定在年纪大的后面，彼此间都谦让，不可以计较相争。

小叮咛

谦让是一种态度，更是一种美德。王泰小小年纪就懂得谦让，值得我们每个人学习。小朋友，在家中，我们应学会谦让家人，兄友弟恭；在校园里，我们应谦让同学，不可争长竞短。

7. 识礼守礼才是好人家

"西平礼法"

李晟(shèng)自幼丧父，由母亲抚养长大。18岁时他参了军，因善于骑射，有勇有谋，屡立战功，深得皇帝器重。他一路扶摇直上，后来被封为西平郡王。虽然身居高位，但他从未忽视对子女的教育。李晟教育子女的家法简直成为当时人们的表率。

李晟的女儿嫁给了一位姓崔的官员。每次女儿回娘家，想多住些时日，却都会遭到李晟的反对。理由是公婆健在，做媳妇的理应孝敬公婆。女儿临走时，李晟总是千叮咛万嘱咐，让女儿尽到孝敬公婆的职责。

一次李晟做寿，女儿便大清早从婆家赶来为父亲庆贺。酒宴刚开始没一会儿，崔家的一个侍女便神色匆匆地来到李晟女儿身旁耳语了几句。女儿听后微微皱了皱眉头，寻思了一会儿，便打发侍女离开了，自己依旧与客人们推杯换盏，谈笑自若。

正当众人酒兴正浓时，那名侍女又急急忙忙赶来，向李晟女儿嘀咕了好一阵。李晟女儿面露难色，被迫离席。可是不一会儿，她又回到了宴席上，依旧与客人们谈笑风生。

这一幕被李晟看到了，他是个极心细的人，觉得其中必有缘故，便找了个由头将女儿招至身边，轻声问道："怎么，家里遇到什么事情了？"

女儿摇摇头，淡淡地答道："没什么要紧事。刚才侍女来报，昨晚我婆婆得了一场小病，我寻思着没有什么大不了的，便派人回婆家代我去看望婆婆了。爹爹，您就不要分心了。"

李晟见女儿这样漫不经心地对待婆婆，便很生气，严肃地说道："你真是个不懂礼仪的女儿啊！你作为儿媳，婆婆病了，理应在婆家侍奉左右。要像对待自己父母一样孝敬公婆，这才是我李家知书识礼的女儿啊！"

女儿辩解说："爹爹，您做寿，女儿若是不在场也是不孝敬呀！况且，今天满朝文武都在，我若是席间离开，不也是不礼貌吗？"

"在家孝敬父母，出嫁孝敬公婆，祝寿和侍奉病人哪个更急？你一听说婆母生病便离去，客人们只会夸你有教养、懂礼仪。相反，你若不回去，反倒会遭人非议呢！"

女儿听了，惭愧不已。她听从父亲的教诲，急忙吩咐人备车，赶回家照料婆婆。

李晟想到女儿刚才的态度与过去自己教育不严有关，心里很是不安。宴会一结束，他便备好礼品，匆匆赶到崔家，探望亲家母的病情，同时为自己对女儿的疏于管教表达了深深的歉意。亲家母被感动得热泪盈眶，因儿媳失礼而生的怨气一下子消失了。

李晟教女的故事在当时传为美谈，由于李晟曾被封为西平郡王，因此李家的家法也被时人称为"西平礼法"，被人们广为传诵。

人家不论贫富贵贱,只内外勤谨①,守礼畏②法,尚③谦和,重廉耻,是好人家。

——[清] 张履祥《训子语》

①勤谨:勤劳谨慎。

②畏:敬畏。

③尚:崇尚。

译文

一个家庭不论富贵贫穷、地位高低,只要能做到在家里、在外面都勤劳谨慎,守礼节畏律法,崇尚谦虚和善,注重廉耻,就是一户好人家。

小叮咛

李晟教女的故事被传为美谈,"西平礼法"成为当时世人的表率。小朋友,我们作为晚辈,应该时时刻刻关心父母长辈,并做到张履祥所说的勤谨、遵纪守法、崇尚谦和、知廉识耻,这样才能给家庭带来和睦安详。

8.勤俭兴家，忍让安家

"仁"与"义"之争

清朝年间，沈家庄有一对兄弟，两人同在朝廷做官。哥哥沈仲仁是翰林院大学士，弟弟沈仲义是户部督使，沈家成了当地有名有望的大户人家。

沈氏兄弟一直相处和睦，直到他们的祖父去世，给他们留下了庞大的家业。兄弟俩因争夺家产互不相让，就此结下了仇恨。他们谁也说服不了谁，便告到了知府衙门。

知府一听他们的事情，哥说哥有理，弟说弟有理，一时难以判决。结果，此事过了六年，还是没有解决。

后来新知府上任，兄弟俩又来到衙门，希望能有个结果。新任知府了解他们的情况后，也不知道该如何决断，就向离任在家的德高望重的老师求教。老师沉思片刻，便拿出笔，快速写了首诗：

九族亲睦图

· 21 ·

兄弟同胞一脉生，祖宗遗业何须争。

一番相见一番老，人生何时为弟兄。

沈仲仁仁而不仁，沈仲义义而不义。

孔令之书而枉念，圣经贤史而枉读。

……

兄弟俩一看这首诗，想到之前和睦的情景，现在却为了家产争得面红耳赤，不禁惭愧万分，抱头痛哭，随后结伴回了家。

从此，兄弟俩互相谦让容忍，家里一团和气。

聆听家训

传家两字，曰读①与耕②；兴家两字，曰俭与勤；安家两字，曰让与忍。

——[明]吕坤《孝睦房训辞》

①读：读书。
②耕：种田。

译文

使家族传承有两点，那就是读书和劳动；使家族兴旺有两点，那就是节俭和勤劳；使家族安定有两点，那就是谦让和宽容。

小叮咛

读书与劳动、节俭与勤劳、谦让与宽容是我们中华民族的优良传统和品德。沈仲仁、沈仲义兄弟饱读诗书，却因争夺家产而反目，实在不应该。小朋友，希望你能从中读懂"仁""义"二字的意思，爱读书、爱劳动，秉承勤俭、忍让之礼仪。

9. 善待亲族邻里

司马徽让猪

东汉末年，颍（yǐng）川阳翟（今河南禹州）有一位名叫司马徽的人，他为人清雅，待人宽和，学识渊博，是当时的名士。

有一次，司马徽邻居家里的一头猪不见了，找来找去都没有找着，邻居急得像热锅上的蚂蚁——团团转。

一天，当邻居路过司马徽家的猪圈时，他突然发现司马徽家的猪和自己家走失的猪非常相似。于是，邻居一口咬定那猪便是自家丢失的那一头，还到处和别人说是司马徽偷了他家的猪，现在他的猪正被关在司马家的猪圈里。

司马徽得知后，并没有与邻居争辩。他心平气和地对邻居说："你认为这是你家的猪，那你就牵去吧。"邻居一听，司马徽都这样说了，便毫不客气地把猪赶回了家。

谁知过了几天，邻居从别处找到了自己家的猪。这才发现自己认错了，他非常后悔，也很自责。于是，他牵着猪来到司马徽家，红着脸羞愧地说："不好意思，那天是我不对，我误会你了。我家的猪找到了，你家的猪还给你。"

司马徽听了，不但没有责备邻居，反而对他说："没事，没事，邻里间发生这样的误会很正常。猪长得也都差不多嘛,你是个懂道理的人,知错能改,难得啊。"邻居听了十分感动,连忙把猪赶进猪圈。

后来,这件事传遍了整个村,大家都称赞司马徽的品性。司马徽也被越来越多的人知晓。

聆听家训

善待亲族邻里,凡亲族邻里来家,无不恭敬款接,有急必周济①之,有讼②必排解之,有喜庆必贺之,有疾必问,有丧必吊③。

——[清]曾国藩《曾文正公家训》

①周济:接济,救助。
②讼:此指纠纷。
③吊:祭奠死者。

译文

要善待亲朋和邻居,凡是亲人和邻里到家里来,不可不恭敬地接待,他们有急事一定要帮助,有纠纷一定要调解,有喜事一定要祝贺,有疾病一定要慰问,有丧事一定要吊唁。

小叮咛

世界上最宽阔的是海洋,比海洋宽阔的是天空,比天空宽阔的是人的胸怀。司马徽的大度,既化解了邻里矛盾,又增进了邻里感情。小朋友,亲仁善邻、与人为善是为人处世的宝贵原则,只有报以善意,才会得到善报。

10. 知礼才能立身

故事会

孔鲤学礼

孔子 19 岁时，依照母亲的意愿娶了宋人亓（qí）官家的女儿为妻。一年后，亓官氏为孔子生下一子。鲁昭公派人送来一条大鲤鱼表示祝贺，孔子以国君亲自赐物为莫大的荣幸，因此给儿子取名为鲤，字伯鱼。孔子非常注重对儿子的教育。

有一天，孔子正站在庭院里，孔鲤从他面前恭恭敬敬地走了过去，他把孔鲤叫住，关切地问道："你今天学诗了吗？"孔鲤回答："没有。"

孔子说："不学诗，你怎么能把话说明白呢？"孔鲤恭敬地说："是。"然后从父亲面前恭恭敬敬地退回了自己的房间，专心学诗去了。

又有一天，孔子站在庭院里，孔鲤又恭恭敬敬地从他面前走了过去。孔子叫住孔鲤，关切地问道："你今天学礼了吗？"孔鲤回

古代六艺

答:"没有。"

孔子说:"不学礼,你怎么能学会做人呢?"孔鲤说:"是。"然后从父亲面前恭恭敬敬地退回了自己的房间,专心学礼去了。

聆听家训

孔子曰:"不学礼,无以立。"是则家庭之训欤①!

①欤(yú):语气词。

——[明]宋诩(xǔ)《宋氏家仪部》

译文

孔子说:"不学习礼仪,就难以有立身之处。"这是家庭的教诲啊!

小叮咛

孔子尚礼的精神时至今日,仍值得我们关注和学习。"不学礼,无以立",人之所以成为人,是因为懂得礼仪。小朋友,礼贯穿于我们生活的每一个细节,希望你能将礼践行于每一个细节。

11. "孝""恭"常记心间

开封有个包青天

包拯是庐州合肥（今属安徽）人，他从小孝顺敦厚、心性纯良。29岁时，他就考中了进士甲科，先任大理评事（最高法院专员），后来出任建昌知县。但因为当时父母年事已高，且不愿随行，包拯就主动辞去官职，回家奉养父母。

几年之后，父母相继去世，包拯在双亲的墓旁筑起草庐，直到守丧期满，还是不忍离去。父老乡亲纷纷劝他结束守丧，前去任职。直到39岁那年，包拯才到吏部接受官职安排，出任天长县知县。

42岁那年，包拯调任端州知府。端州出产上好的砚台，称为"端砚"。端砚是宋朝文人雅士眼里的奇珍，也是朝廷要求地方奉献的贡品。这里历任官员都在贡砚规定的数量上加征几十倍的数额，私下贿赂朝中的权贵。

包拯到任后，除旧布新，破除了这个多年的"潜规则"，规定工匠只需生产足够进贡的数量即可，谁也不准私自加码，违者重罚。包拯还以身作则，他在端州任职的一年间，一块端砚都没有带走。

包拯的至情至善、正直清廉得到宋仁宗的赏识，从此他平步青云，被派往各地担任要职。庆历五年(1045)，包拯奉旨出使契丹。

当时契丹对北宋表面平静，实则暗潮涌动。一位契丹官员私下对包拯说："你们国家的雄州新开了一个便门，是打算刺探我们的军情吧？"包拯回答道："你们在涿州不也开了便门吗？刺探军情何必另开便门呢？正门不是也可以出入吗？"契丹官员无言以对。

嘉祐七年（1062）五月二十五日，包拯病逝于开封。宋仁宗到包拯家中与他最后一别，追认他为礼部尚书，赐谥"孝肃"。

聆听家训

> 奉先①思孝，处下思恭；倾②己勤劳，以行德义。
>
> ——[唐] 李世民《帝范》

①奉先：祭祀祖先。
②倾：竭尽。

译文

祭祀祖先要懂得孝敬，身处下位要懂得恭顺；尽自己的全力勤恳劳作，用来践行做人的道德大义。

小叮咛

包拯辞官侍奉双亲，结庐为父母守丧，知礼明礼；回归朝堂后，克己奉公，兢兢业业，尊法守礼。小朋友，我们也要时时刻刻明礼守礼，思"孝"、思"恭"。

12. 做人须正直

故事会

铁面冰心包拯

包拯生活的时代，朝廷很腐败，而包拯做官却非常清正廉明，即使是一丝丝的不良行为，他都不能容忍。在他做御史中丞时，曾连续检举了两位三司使——张方平和宋祁。

包公祠

张方平和宋祁是中央最高财政长官，在朝廷中具有很大的影响力。张方平任三司使时，有一个开酒坊的富翁刘保衡，他拖欠官府的小麦，算起来有一百多万钱，因为没有地方借钱，他不得不将房产用来偿还债务。这时，张方平便乘人之危，低价买了刘家的宅院。这件事被包拯知道后，立马上书皇帝。宋仁宗罢免了张方平的三司使职务，将他贬为滁州知州。

新任三司使宋祁，先前曾任益州知州，名声很不好，每天吃喝玩乐，不务实事，生活奢靡。他出任三司使后，仍不改以前的恶习，没多久就被包拯等官员集体检举，最后被贬为郑州知州。

宋仁宗连罢两任三司使后，深感需要一位正直公义、廉洁自律的人执掌三司。经过一番权衡，他决定让包拯暂时代理三司使。可是，消息一出，许多大臣议论纷纷，大家都表示不理解，认为包拯这样做是意欲取而代之。就连当初极力推荐过包拯的欧阳修，也认为包拯这种做法有些过分了。

然而，包拯并没有因为流言纷纷而退却，他毅然接受了这一新的任命，而且大刀阔斧一改以前的旧制度，大大改善了国计民生。没多久，他就被正式任命为三司使。后来被提拔为枢密副使，接着又任礼部侍郎。

虽然是朝廷重臣，但包拯生活简朴，一应吃穿住用都跟平民百姓一样。他最痛恨贪赃枉法之辈，曾经立下遗嘱："后代的子孙中如果有做官的犯了贪污罪，活着的时候不能让他进家门，死后也不能葬入包家的坟地。如果有不遵守我的遗训的，就不能算我的子孙。"

若做官，先要做人，事事念念，为义为公，成败利钝，皆无足计①……大凡②人能清约③，即能秉正④，事无不可为。

——[明]葛守礼《葛端肃公家训》

①计：计较。
②大凡：用于句首，犹言大抵。
③清约：清净俭约。
④秉正：秉持公正。

译文

如果做官，先要做好人，事事怀着为义为公的念头，成功失败、利益得失，都不值得计较……大抵人能清净俭约，做到公正公平，就没有什么做不到的了。

小叮咛

包拯为官铁面冰心，廉洁自律，为人洁身自好，非礼不为，值得后人称颂。的确，清清白白做人，堂堂正正做事，才是为人正道，每一个念头、每一件事，都不因一己之心而有失偏颇。小朋友，希望你排除自私自利的欲念，做个明礼、正直而坚定的人。

13. 独处时也须守正

掩耳盗铃

古时候，有个特爱占小便宜的人，凡是他看上的东西，他总是想方设法把它弄到手，甚至会去偷来占为己有。

有一次，他路过一大户人家，发现这家大门上挂着一个铃铛。这铃铛十分精致，风一吹，发出的声音特别清脆响亮。他思忖着：怎样才能把这个铃铛弄到手呢？他知道，铃铛一旦被触碰，就会"丁零丁零"响起来，主人听到动静，肯定会出来查看，这样很快就会被发现。

怎样才可以得到这个又精致又清脆的铃铛呢？他想啊想啊，终于想出一条"妙计"：如果把自己的耳朵捂住，不就听不见铃声了吗？连自己都听不见，难道别人还会听得见吗？于是，他自作聪明地决定用这个办法。

那天晚上，皓月当空，照得四周通亮。他用棉花塞住耳朵，借着月光，蹑手蹑脚地来到这家大门前。他迫不及待地伸手去摘铃铛，但是铃铛挂得实在太高了，即便跳起来仍够不着。没办法，他只好扫兴地回家了。

第二天晚上，他又用棉花堵住耳朵，周围立刻显得非常寂静。

他带着凳子，蹑手蹑脚地来到这家大门口，小心翼翼地踩上凳子，双手去摘这只梦寐以求的铃铛。

他的手一触碰到铃铛，铃铛便"丁零丁零"地响了起来。主人一察觉有动静，立刻赶了出来，一把抓住他，送到了官府。

聆听家训

居富贵也，而恒惧乎骄盈；居贫贱也，而恒惧乎放失①；居安宁也，而恒惧乎患难……故一念之微②，独处之际，不可不慎。

——仁孝皇后徐氏《内训》

①放失：肆纵。
②微：微小。

译文

身处富贵时，要警戒骄傲自满；身处贫贱时，要警戒松懈怠惰；身处安宁时，要警戒灾难祸患……所以思想上的一念之差，环境中的独处之际，不可稍有忽略。

小叮咛

像故事中掩着自己耳朵去偷铃铛的人其实就是在自欺欺人，终究自食苦果。小朋友，俗话说"若要人不知，除非己莫为"，即使独处，我们也要恪守正道，不要以为做了坏事就神不知鬼不觉，自欺欺人可是要不得的！

14. 喜怒不形于色

谢安与淝水之战

公元 383 年，前秦仗着兵强马壮，率 80 万大军南下，志在吞灭东晋。晋孝武帝听闻这一消息，心急如焚，紧急召见了宰相谢安，商讨应对之策。谢安却毫无惧色，从容不迫地说："苻坚倾国出师，战线过长，军需粮草接应困难，内部又分离不团结，定难立足。"晋孝武帝任命谢安为征讨大都督，派遣 8 万将士抵御秦军来犯。

谢安接受任命后仍和往常一样，与友人下棋、弹琴。反倒是将领谢玄（谢安侄子）忧心忡忡，时不时跑去问叔叔对这次战争的计谋。谢安平静地说："到时候再说吧！"然后继续做自己手边的事情。

谢玄更加着急，就找来大都督谢石（谢安弟）和辅国将军谢琰（谢安次子），相约一起再去找谢安。谢安早猜到三人的意图，但仍绝口不提战争之事，而是带着他们去位于东山的庭院赏景。到了庭院，谢安摆了一盘棋，约三人同下。谢石、谢玄、谢琰都心不在焉，谢安却从容不迫，仿佛输赢早在掌控之中。直到晚上，谢安才把各将领召集家中，把每个人的任务一一交代清楚。大家见谢安如此镇定，也增强了自信，精神振奋地回军营去了。

同年十二月，秦晋决战淝水，晋军用巧计使秦军后撤，瓦解秦

军主力，击溃秦军军心，大获全胜。不久，晋军胜利的捷报快马送到谢安府上。当时谢安正与客人在下棋，他漫不经心地看了一眼战报，放在一旁，继续下棋。客人迫不及待询问前线战事，谢安内心无限喜悦，但仍不动声色地说："孩儿们已经把秦军击败了。"客人一听，高兴得手舞足蹈，赶紧跑出去奔走相告。

聆听家训

子弟沉默缓畏，毋戏物妄笑。遇事和而有容，语言举止务淹雅①凝重②，喜怒不形于色，然后可以为佳士。
——[宋]梁焘(tāo)《家庭谈训》

①淹雅：高雅。
②凝重：庄重。

译文

子弟沉稳恭敬，不可随便讥笑戏弄。遇事要和气而有礼貌，言谈举止要端庄稳重，喜怒不轻易表现在脸上，这样就可以成为合格的读书人。

小叮咛

喜怒不形于色是一个人成熟稳重的表现，是做人的气度，谢安就是这样一个人。当然，这不是每个人都能做到的，只有多观察，多历练，才能自然而然地把每一件事考虑周全，遇事不慌，把喜怒哀乐放在心里，不形于色。

流放中的杨慎

升庵簪花图（明·陈洪绶）

杨慎字用修，号升庵，是明代著名的文学家，被列为明代三才子之首。他出身于书香门第，自小接受了良好的家庭教育。加之他聪慧过人，又好学上进，7岁时就能背诵很多唐代绝句，11岁时就已经会写近体诗，13岁时就已名动京师。后来经过多年苦读，24岁的杨慎考中状元，任翰林院修撰。

杨慎为人耿直，秉性刚正，不畏强势，又敢于直言，甚至冒死直谏，因而得罪了不少权奸。后来在"大礼议"的纷争中，杨慎被投入监牢，几次遭受廷杖，几乎死去。后又充军流放滇南，开始了30多年的流放生涯。

杨慎胸怀大志，力图报国，他并没

有因环境的恶劣而消沉颓废，更不肯向恶势力低头屈服，始终坚持勤奋地学习，顽强地战斗，追求他从小的梦想和抱负。

杨慎在流放中心志弥坚，时刻不忘发奋苦读，

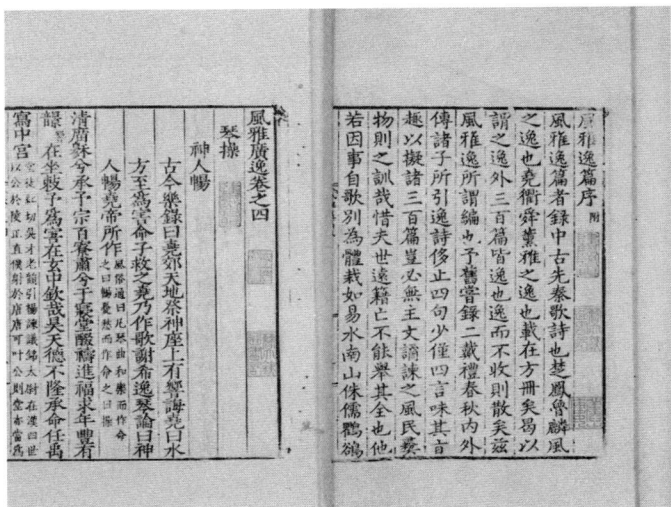

杨慎《风雅逸篇》书影

悉心著述。在荒凉的滇南地区，图书资料奇缺，但杨慎嗜书成癖，凡是能找来的书，他无所不读，手不释卷，废寝忘食，学业一日都未曾荒废，反而用加倍的热情和充沛的经历投入学术研究。他撰写、点校书目达400多种，内容涉及天文、地理、生物、医药、音律、金石书画、花鸟虫鱼等等。

滇南成了杨慎的第二故乡。30多年的流放生涯中，杨慎的足迹几乎踏遍了这一方山山水水，他居昆明，去大理，至保山，赴建水……到处留下了踪迹。这也使杨慎更深入地接触到社会底层人民的生活。每到一处，他就调查了解当地的民俗风情，学习当地的语言，搜集整理当地的文化遗产。倾注着他对这片山水的深情而编撰的《云南山川志》《滇程记》等著述，更是为后人研究明代云南提供了不可多得的珍贵史料。

盘根错节①，可以验我之才；波流风靡②，可以验我之操；艰难险阻，可以验我之思；震撼折冲③，可以验我之力；含垢④忍辱，可以验我之量。

——[明]姚舜牧《药言》

①盘根错节：比喻事情错综复杂，不易处理。

②波流风靡：随波逐流，闻风而从。

③折冲：战胜敌人。

④垢：污秽，此指耻辱。

译文

面临错综复杂的事情，可以考验我的才干；面对不良的潮流风气，可以考验我的节操；遇到艰难困苦的环境，可以考验我的思想意志；处于激烈的斗争，可以考验我的实力；身陷忍受耻辱的绝境，可以考验我的气量。

小叮咛

杨慎在逆境中不屈不挠，忍辱负重，奋发图强，练就了他坚强的心志，造就了他广博的学识。小朋友，当我们在遇到困难或挫折时，千万不能气馁，更不能被它们吓倒，只有迎难而上才能战胜困难和挫折。人生能有几回搏，与困难和挫折历经拼搏后的人生，才能更趋佳境。

勿以己之长而盖人，勿以己之善
而形人，勿以己之多能而困人。

16. 恬淡为上，尽职敬事

故事会

"我姓钱，但我不爱钱"

钱学森有"中国航天之父"和"火箭之王"之誉，享誉世界，但他一直淡泊名利。他曾经讲过一句幽默而又意味深长的话："我姓钱，但我不爱钱。"

1958年，钱学森的《工程控制论》一书被翻译成中文出版，荣获国家自然科学一等奖，获得了不菲的稿费，但钱学森毫不犹豫，全部捐给学生买学习用具。

1994年，他获得了"何梁何利基金科学与技术成就奖"，奖金高达100万港币。这在当时是一笔令人难以想象的巨款。可是钱学森连支票都没看，就让人直接捐给了西部的沙漠治理事业。

可以享受国家领导人待遇的钱学森，却几十年如一日住在老旧的楼房里，过着清贫的生活。政府多次要给他安排新居，都被他婉言谢绝。

钱学森为我国科学事业做出的贡献，给他带来了很多荣誉和头衔，如国防部第五研究院院长、第七机械工业部副部长、国防科学技术委员会副主任、中国科学技术协会主席等等，但他说："我是一名科技人员，不是什么大官，那些头衔的待遇，我一样也不想要。"

在钱学森心里，国为重，家为轻；科学最重，名利最轻。

钱学森是知识的宝藏，是科学的旗帜，是中华民族知识分子的典范，是伟大的人民科学家。

淡泊以养气，宁静以养心，内外交养也。惛慢①则肆于外，险躁②则肆于内，心气交病也。学者时时省察，德其有不进乎？

——[明]王澈《王氏族约》

①惛(tāo)慢：怠慢，怠惰。
②险躁：轻薄浮躁。

译文

用清净寡欲涵养精神，用安静恬淡涵养内心，这是内外交相涵养。怠惰散漫则体现在外表，轻薄浮躁则体现在内心，这是内心和精神交互损害。学者若能时时刻刻反省审察自己，德业难道会不进步吗？

小叮咛

钱学森以国为重、以家为轻，科学最重、名利最轻的节操真是令人钦佩。王澈强调，"淡泊以养气，宁静以养心"，可见，修身养性要在淡泊宁静中下功夫。小朋友，我们要牢记："非淡泊无以明志，非宁静无以致远。"

17. 谋事不求易成

=故事会=

"天眼之父"南仁东

在我国贵州省平塘县克度镇大窝凼（dàng）的喀斯特洼地中，坐落着一座 500 米口径的球面射电望远镜。它的外形像一口大锅，却是世界上最牛的一口"大锅"，被誉为"中国天眼"。它的建成震惊了全世界，也让世人更加怀念为之奋斗终身的发起者及奠基人——南仁东。

2016 年 9 月，"中国天眼"落成启用前，南仁东已得了肺癌，并在手术中伤及声带。但他患病后仍带病坚持工作，尽管身体很不舒服，旅途的劳累也会加重病情，但他仍从北京坐飞机到贵州，亲眼见证自己耗费 22 年心血的科学大工程的落成。

贵州省黔南布依族苗族自治州天文局局长张智勇在 1994 年工程选址时认识了南仁东。他回忆起南仁东长期奔波于北京、黔南、平塘等地的忙碌情景，总是非常激动，好几次哽咽了。他说："平塘县有几十个候选台址，南仁东都亲自去考察过，没有路，他就拄着拐杖跟大家一起爬山，没有一点架子。"

在南仁东身边工作的伙伴也评价说："南老师身患重病后仍不忘科研事业，从骨子里迸发出强烈的工作激情。"

这位伟大的科学家，默默无闻地把自己的一切奉献给这个国家、这个民族，铸就了"中国天眼"的奇迹和一段只求付出不求回报的人生传奇。

聆听家训

"谋事在人，成事在天。"此二语，英雄有为之士所不道①。然事后看来，未有不验②者。

——[清]王子坚《诒榖（gǔ）堂家训》

①道：说。
②验：应验。

译文

"谋事在人，成事在天。"这两句话，英雄和有作为的人士是不会说的。然而事后看来，两句话的论断没有不应验的。

小叮咛

南仁东为了我国的科学事业奉献了毕生的精力。在这个过程中，他也曾失败过、痛苦过，但他还是坚持下来了。失败的确痛苦，但若能从中吸取教训，那么失败也未尝不是一件好事。小朋友，我们要懂得坚持，做事不急于求成，并在失败中锤炼一颗独立自主的心。

18. 做事要有十分精神

杂货铺里的演算纸

1910年11月12日，江苏金坛一户小商人家里，诞生了一个男婴。40岁喜得贵子的男主人华瑞栋，听说把小孩放进箩筐里可以生根，易于养活，于是迫不及待地将儿子放进箩筐，欢天喜地地说："放进箩筐辟邪，同根百岁，就叫箩根吧！"后来，华瑞栋将"箩"改为"罗"，且那年又是庚戌年，"根"与"庚"谐音，所以将儿子起名"华罗庚"。

华罗庚从小就表现出了在数学方面异于常人的天赋。他很爱动脑筋，乐于钻研，常常会对一些别人司空见惯的事物表现出浓厚的学习兴趣，提出稀奇古怪的问题和想法。有时，华罗庚因思考问题过于专注，整个人看起来似乎呆呆傻傻的，因此，同伴们都戏称他"罗呆子"。

尽管数学成绩很好，但华罗庚初中毕业后因家境贫困无力就读高中，只考取了学费相对便宜的上海中华职业学校。可没多久，因付不起学费，华罗庚只得中途退学，回金坛老家帮父亲料理自家的杂货铺。

回到金坛的华罗庚一边站柜台，一边仍坚持自学数学。有时候，他左手给顾客拿货，右手还在不停地演算；有时候因过于入迷，竟忘了接待顾客，或者把算题结果误当成顾客应付的货款……

有一次，有个阿姨来杂货铺买棉花，华罗庚正在专心致志地演算一道数学题。阿姨问他："小伙子，一包棉花多少钱？"醉心于演算的华罗庚哪里听得见，随口就把算出的答案报了一遍。

"什么？怎么这么贵？你是不是弄错了？"那位阿姨尖叫起来。这时的华罗庚才知道有人来买棉花，就说了价格，那阿姨买了一包便走了。华罗庚正想坐下来继续演算，这才发现刚才算题目的稿纸不见了。这下可把他急坏了！

他想了想，拔腿便去追刚才买棉花的那位阿姨。他拼命地追，终于追上了。华罗庚气喘吁吁地说："阿姨……请……请您把我的草稿纸还给我。"

阿姨有点不悦地说："这是我买棉花时你给我的啊！"华罗庚急坏了，恳求道："阿姨，这草稿纸上有我刚才演算了一半的题目呢！要不这样吧，您说这草稿纸多少钱，我花钱把它买回来，可以吗？"

正在华罗庚伸手掏钱之时，阿姨笑道："你这孩子，真是又好气又好笑！"她不仅没要钱，还把草稿纸还给了华罗庚。这时的华罗庚才微微舒了口气，回家后，又演算起来……

正是因为华罗庚贯注了十分精神，才造就了他的十分事业。就这样，他最终成为著名的数学家，被誉为"中国现代数学之父"，还被芝加哥科学技术博物馆列为当今世界88位数学伟人之一。

吾人做事，第一须赖①学问，第二须靠精神，有学问而无精神以济②之，则办事过久过多，均有不能支持之苦痛。语曰："有十分精神，方能办十分事业。"此诚③阅历有得之言也。

——[清]胡林翼《胡林翼家书》

① 赖：依赖。
② 济：协助。
③ 诚：确实。

译文

我们做人处事，第一靠的就是学问，第二必须依靠精神，只有学问而没有精神的协助，如果长时间过多地处理事情，就会造成身体无法支撑的痛苦。人们常说："有了十分的精气神，才能办成十分的事业。"这确实是阅历丰富的人说的话啊。

小叮咛

华罗庚的成功绝非偶然，是靠他的天赋、勤恳和执着的精神得来的，那份专注和不懈是常人无法超越的。"有十分精神，方能办十分事业"，小朋友，当我们把全身心投入想做的事情上，具备持之以恒的精神，久而久之，一定会取得我们想要达成的结果。

19. 人应知耻，知耻后勇

曹沫雪耻

春秋时期，鲁国有一个名叫曹沫的人，此人力大无比，而且很勇猛。正好当时的鲁庄公喜爱有力气的人，他的身边恰好缺少骁勇的战将，于是就让曹沫做了鲁国的将军。曹沫也答应鲁庄公全力保家卫国。

谁知这个曹沫只是一介武夫，哪有指挥军队作战的能力。跟齐国交战了三回，每次都被打得一败涂地，这让鲁国接连丢了很多城池。

这时，鲁庄公才感到心里没底了，赶忙乖乖地献出城池，向齐国求和。至于那个连连吃败仗的曹沫，鲁庄公仍然让他当将军。

齐桓公答应了鲁庄公的求和，在齐国的柯地（今山东东阿）筑成高高的土台子，邀请鲁庄公前来结盟。

仪式正在按部就班地进行中，突然曹沫猝不及防地跳上土台，用匕首顶着，劫持了齐桓公。齐桓公左右的侍卫们都惊呆了，谁也不敢轻举妄动。齐桓公战战兢兢地问曹沫："您想干什么？"

曹沫回答说："齐国强大，鲁国弱小，你们齐国可把我们鲁国欺负苦了！郊县都被你们占有，只剩下一座很小的小城了。现在城

汉画像：曹沫劫盟

墙掉块砖都会落在你们齐国境内，你说怎么办吧！”

齐桓公尽管是当时赫赫有名的霸主，见识过不少大风大浪，但在大庭广众之下被人拿匕首顶着脑袋，还是头一遭呢！无奈之下，他只好答应把侵占鲁国的土地全部还给鲁国。

齐桓公一答应，曹沫就把匕首一扔，回到台下他原本待着的地方去了，面不改色，就像没事人似的。

鲁国的危险解除了，这回轮到齐桓公发怒了。“一个小小的将军，竟敢当着这么多人的面，拿匕首威胁我？让我这个国君的脸面往哪里搁！”齐桓公打算废掉刚才签好的盟约。

这时，他身边的管仲站出来，悄悄对他说：“这口气您就忍了吧，如果您只顾自己的一时痛快，出尔反尔，会给天下人留下一个说话不算数的话柄，以后在诸侯面前就丧失信用，恐怕没有人愿意支持您了。不如答应了吧！”

于是，齐桓公强忍下这口气，把曹沫战败所失掉的城池都还给了鲁国。

才^①能知耻，即是上进……立身无愧，何愁鼠辈^②？

——[明]吴麟征《家诫要言》

①才：仅仅。

②鼠辈：行为不正的卑劣小人。

译文

仅仅能知道什么是羞耻，就是一种上进……安身处世胸襟坦荡，问心无愧，何愁身边的卑劣小人明里使坏、暗中算计呢？

小叮咛

曹沫知耻而后勇，收回了所失的城池，挽回了鲁国的尊严。知耻是自尊自爱的表现，也是人们避恶扬善、积极向上的内在驱动力。只有知耻，才能具备正确的荣辱观。小朋友，我们要以羞耻心来约束并规范自己的行为，不要做自己认为羞耻的事。

20.保持豁达的心胸

苏东坡认错

北宋大文学家苏东坡才华横溢，博学广识，但知识再丰富的人也不可能尽知天下事，所以他有时也不免要出点差错。

一天，苏东坡拜见当朝宰相王安石，王安石正巧外出办事。相府仆人把他领进王安石的书房，请他用茶稍候。等了一会儿，主人还未回来，苏东坡便信步至书桌旁，见桌上摊着"昨夜西风过园林，吹落黄花满地金"两句诗，心里不由暗暗发笑："西风"明明是秋风，"黄花"不就是菊花吗？菊花耐寒耐冻，从来就敢于顶风傲霜，说西风"吹落黄花满地金"，岂不是大错特错？

想到这里，苏东坡诗兴大发，不能自已，就信手续写了两句："秋花不比春花落，说与诗人仔细吟。"苏东坡搁下笔，又待了一会儿，见主人还不回来，便起身告辞了。

王安石回家后，到书房见了苏东坡留下的两句话，只是摇了摇头，但并未与苏东坡理论。

后来，苏东坡被贬到黄州，在黄州住了将近一年。到了重阳时节，连连刮了几日秋风。一天，风停歇后，苏东坡邀请了几位好友，

一同到郊外赏菊。只见菊园中落英缤纷，满地铺金，一派西风萧瑟的景象。

这时，苏东坡猛然想起给王安石续诗的事情，不禁目瞪口呆，半晌也说不出话来。他恍然悔悟到自己过去闹了笑话，回家后连忙提笔给王安石写信认错。

聆听家训

自古圣贤豪杰，文人才士，其志事①不同，而其豁达光明之胸，大略②相同。

——[清]曾国藩《曾国藩家书》

①事：事业，处事。
②大略：大致，大概。

译文

自古以来，圣贤豪杰、文人才士，虽然他们的志向、处事方式不同，但豁达光明的心胸却是大致相当的。

小叮咛

苏东坡和王安石都是豁达之人，苏东坡敢于承认错误，王安石不计对方之过。小朋友，判断一件事或一个人，务必要先详细观察。在不了解事情真相之前，千万不能信谣、传谣。同时也要保持豁达的心态，接纳对方的不完美。

21. 气量要大，心境要宽

韩信忍受胯下之辱

韩信是秦汉时期淮阴（今属江苏）人，为汉朝的建立立下了赫赫战功。这样一位叱咤风云的人物，早年却过着困苦不堪、备受歧视的生活。

韩信出身贫苦，家里穷得叮当响，而且从小就失去了双亲。他既不会经商，又不愿种地，生活上毫无保障，只好经常厚着脸皮到别人家蹭吃蹭喝，常常是吃了上顿没下顿，还遭他人白眼。

当时，韩信与当地一个亭长有些交情，便经常到亭长家里免费吃住，一连就是好几个月。这让亭长的妻子非常厌恶，于是就将饭点有

淮阴侯韩信

意提前，每次等韩信到的时候，他们早就吃完了饭。韩信得知他们的用意后，一气之下便走了，再也没去过亭长家。

有一天，饥肠辘辘的韩信到城外的河边钓鱼。旁边一位洗衣服的老太太见他衣衫褴褛、面黄肌瘦、落魄不堪的样子，心生怜悯，便把自己带的饭菜分给他吃。这样一连好几天。韩信很受感动，便对老太太说："老人家，等我以后飞黄腾达了，我一定会好好报答您的！"

老太太听后，生气地说："你是男子汉大丈夫，却不能养活自己，还好意思说什么以后呢！我是看你可怜才给你饭吃，哪还指望你能报答我！"韩信听了惭愧得无地自容，心里暗暗发誓，立志要做出一番丰功伟绩来。

有一天，韩信漫无目的地走在大街上，遇见了当地的一群泼皮无赖。其中一个屠夫在闹市里迎面拦住韩信，蔑视地说："你这小子虽然身材高大，却常佩带宝剑出来，看来是个胆小鬼呢！"

韩信没搭理他，转身就要走。屠夫追上来，不依不饶地说："你小子还不敢承认？那好哇，你要是有胆量，就拔剑来刺我；如果你不敢，就从我的裤裆下爬过去吧！"说完，他就叉开了腿。

围观的人见状，都哈哈大笑，纷纷等着看韩信的笑话呢。韩信见眼前的家伙如此傲慢无礼，心里火冒三丈，但转念一想，大丈夫能屈能伸，何必跟这种无赖一般见识呢！于是一言不发地蹲下身，从屠夫的裤裆下钻了过去，然后若无其事地起身就走了。留下一群哄然大笑的看客。

后来，韩信辅佐刘邦奠定汉业，被封为齐王，果然飞黄腾达。他找到当年赠饭食的老太太，送给她一千金。对于那个亭长，他只赐了一百钱，说："你是个小人，做好事有始无终。"他还找到当初羞辱过他的屠夫，封他做了巡城的武官。

聆听家训

器量①须大，心境须宽。

一念不慎，败坏身家②有余。

——[明]吴麟征《家诫要言》

①器量：气量，度量。

②身家：自身和家庭。

译文

气量应该博大，心胸应该宽广。

一个念头不谨慎或一时考虑不当，就会对自身和家庭造成众多的伤害。

小叮咛

一个人的快乐，不是因为他拥有得多，而是因为他计较得少。韩信就是这样的人，他忍受胯下之辱，最后飞黄腾达了也不忘感恩，懂得回报。小朋友，只有心地坦诚，心存宽厚，才能放大人生的格局和气度。

22. 学会"容"与"忍"

宰相吕端

北宋初年，吕端因其处事宽厚、才华出众，逐渐为宋太宗所喜爱，并受到重用。后来，宋太宗对吕端经过一番考验，决定任用他为宰相。但这事遭到了部分朝臣的反对，反对者说："吕端这个人太糊涂，不适合当宰相。"宋太宗根据自己多年的观察，为吕端反驳道："吕端这个人，小事糊涂，大事可不糊涂呢！"

吕端当上宰相后，办事持重稳当、清正廉洁、勤政不辍，颇受好评。然而，也有不少人对他恨得牙痒痒，暗地里老给他使绊子。后来，吕端遭到奸臣的陷害，被削职为民。

吕端自知行得端、坐得正，既然是陷害，总会有被澄清的一日。所以，他接到圣旨后，二话没说便和书童收拾好衣物，挑上书籍，踏上了回乡的路。

吕端在路上奔波了好些天，回到自家门口时，见家中正在设宴摆席，原来是弟弟结婚办喜宴呢。当地不少有权有势的人前来参加酒宴，好不热闹！这些人一听说是吕相爷回来了，立刻围拢过来大礼参拜，并重新送上厚礼，弄得吕端哭笑不得。

他见此情景，只好当众告诉大家："各位乡亲有礼啦，我吕端

汉画像：宴饮礼让

现在已经被革职，还乡为民了！"

没想到，吕端的话还没说完，那些势利眼的官吏和豪绅们个个脸色突变，有的目瞪口呆，有的斜眼相视，有的甚至拿起刚送的礼品夺门而去。

恰在这个时候，村外传来了马蹄声，原来是皇上派御史来给吕端下旨的。那御史骑马一直到吕端家门口，下马便大声喊道："吕端接旨！"吕端急忙带领全家老小，跪在地上静听旨意。

大家的心怦怦地跳着，有各种各样的猜想。唯有吕端本人心中有数，猜出了十之八九。只听那御史宣旨道："吕端回朝复任宰相，钦此！"

全家人听后欣喜万分。方才散去的那些人一听，都傻眼了，个个面红耳赤，张口结舌，十分难堪。他们只好厚着脸皮，重新回到吕府送礼贺喜。吕端看着这些人，心中暗自发笑。

容忍二字，不但避祸，实进德①大助也。盖凡不如意事，及横逆②之来，皆是困心衡③虑、自反内省之地。

——[明]王祖嫡《家庭庸言》

①进德：增进德业。
②横逆：指不顺心的事。
③衡：同"横"，梗塞。

译文

容忍两个字，不仅可以躲避灾祸，而且确实对增进德业有巨大的帮助。大概凡是不如意、不顺心的事情，都是内心忧困、思虑阻塞所致，是需要进行自我反省的地方。

小叮咛

吕端大事不糊涂，万事能忍让，受到后人的赞誉。俗话说，"宰相肚里能撑船"，我们每个人都应学会宽容、善待他人。小朋友，宽容礼让能使我们变得豁达，更能培养和锻炼我们良好的心理素质，我们应以宽广的胸襟接纳他人，融入社会。

23. 开诚心，布大度

陶行知的四颗糖果

我国著名的大教育家陶行知先生，总是用平等的心态、宽容的胸怀去对待学生。在他担任校长期间，就发生过"四颗糖果"的故事。

有一天，陶行知看到一个男生用泥块砸自己班上的另一个男生，他当即严厉制止，并让扔泥块的男生放学后到校长室去。放学后，陶行知向同学们了解情况后来到校长室，这时，那名男生早已在校长室等着了。

男生已做好挨训的准备。陶行知见后笑着掏出一颗糖果送给他，说："这是奖给你的，因为你按时来到这里，而我却迟到了。"

男生接过糖果，觉得很奇怪。随后，陶行知高兴地又掏出第二颗糖果放到他的手里，说："这是奖励你的，因为我不让你打人时，你立即住手了，这说明你很尊重我，我应该奖励你。"

男生更惊讶了，眼睛睁得圆圆的，百思不得其解地望着眼前这位和蔼可亲的校长。

这时，陶行知又掏出第三颗糖果塞到男生手里，说："我调查过了，你用泥块砸那名男生，是因为他欺负女生；你砸他，说明你很正直善良，而且有跟不良行为作斗争的勇气，我应该奖励你啊！"

男生感动极了，他流着眼泪后悔地说道："陶校长，我错了，我砸的不是坏人，而是自己的同学啊……"

陶行知满意地笑了，随即掏出第四颗糖果递给他，说："为你正确地认识自己的错误，我再嘉奖你一块糖果。只可惜我没有更多的糖果了，我看咱们的谈话也可以结束了吧！"

说完，陶行知拍拍男生的肩膀，把他送出了校长室。

聆听家训

人有小过，含容而忍之；人有大过，以理而谕①之。

①谕(yù)：说明，告知。

——[宋]朱熹《朱熹家训》

译文

别人有小过失，要谅解容忍；别人有大错误，要用道理来告知，让他明白。

小叮咛

陶行知先生以宽容的心态面对学生的错误，并用春风化雨的方式循循善诱，引导学生认识问题，也无声地教会了他做人的道理。滴水穿石胜过暴雨，和言良意默化潜移。小朋友，你喜欢文中的陶行知先生吗？从他身上你学到了什么？

24. 严于律己，宽以待人

"只可惜了那只玉杯"

韩琦是北宋政治家，他一生辉煌，辅佐了三朝皇帝，为国为民做了不少事情。他性情敦厚淳朴，心胸宽广，待己严律，待人宽宏大量，人们尊称他为"韩公"。

韩琦家里珍藏了一只美玉制成的杯子。这只杯子做工精巧，毫无瑕疵，韩琦十分喜爱，将它视为珍宝，平时都收藏起来。

一次，韩琦宴请朋友和几位政要，他兴致勃勃地准备用这只玉杯喝酒。酒杯放在盘子里，下面垫着光滑的丝绸。宴会开始没一会儿，意外发生了：仆人端来茶水时，不小心扯到绸缎，玉杯一下子掉在地上，摔得粉碎。

看到这一场景，在场的人都惊呆了。这只玉杯可是韩公花了100两金子换来的宝贝啊！仆人最先清醒过来，吓得扑通跪倒在地，脸色惨白，浑身发抖，当即泪如雨下。他捧着玉杯的碎片，趴在地上等候发落。

韩琦也愣了一下，但很快就平静了下来，他虽然心痛，但并未责备仆人，而是笑着说："凡是物品都有毁坏的时候，只可惜了那只玉杯，大家再也不能观赏了。"

说罢，他转身扶起仆人，说："你只是偶然失手，并不是故意为之，我不会责怪你的，下去吧。"看到这一幕，在场的人无不对韩琦宽大的胸怀肃然起敬，纷纷对韩琦抱拳说："韩公心胸宽广，真令人佩服啊！"

聆听家训

勿以己之长而盖①人，勿以己之善而形②人，勿以己之多能而困人。

——[明]袁黄《了凡四训》

①盖：掩盖。
②形：显示。

译文

不要用自己的长处去掩盖别人（的优点），不要用自己好的方面去显示别人（的缺点），不要用自己多方面的才能而埋没别人（的长处）。

小叮咛

韩琦做人做事都能宽严相济，"严以律己，宽以待人"。小朋友，对于自己的小过失，我们应该严加苛察，努力提升自我修养；而对待别人的小过失，我们应该予以宽容，不可严加指责，以免伤了他人的自尊，影响彼此间的和气。

25. 宽厚为人，仁爱待人

曾国藩与他的室友

年轻时候的曾国藩曾在长沙岳麓(lù)书院读书，与一书生同住在一个寝室。

这位书生的脾气十分暴躁。有一次，曾国藩因书桌离窗口有点远，光线不好，为了能够看清楚书上的内容，他迫不得已将自己的书桌移到窗前。

曾国藩故居

书生一看到曾国藩这样做，大为恼火，生气地说："我读书的光线都是从窗中照射进来的，你把书桌移到窗边，你的光线好了，我的光线被你挡住了！赶快挪开！"

面对书生的暴脾气，曾国藩没有丝毫生气，反而心平气和地问他："如果我的书桌挡住了你的光线，那么你觉得我的书桌放在哪里合适呢？"

书生环视了一圈，指了指床边，不耐烦地说："喏，把你的书桌移那儿去！"曾国藩看了看床边，二话不说，立刻把书桌搬到那里。书生也不再说什么。

又有一次，曾国藩在寝室里掌灯用功读书，读到高兴之时，竟情不自禁读出了声。书生听到之后，暴跳如雷，大动肝火，他一骨碌从床上坐起来，对着曾国藩劈头盖脸大吼道："平时不读书，到了晚上大家都要睡觉了，你却来聒（guō）噪人吗？"

曾国藩听到这番话，心怀愧疚，连声说道："对不起，对不起。我马上改。"随即，曾国藩开始默读。

不久，曾国藩中式举人，消息传到时，同学们都替曾国藩高兴，唯有这位书生大怒："这屋子的风水本来就是属于我的，现在却被你夺走了！"

在场的同学都替曾国藩打抱不平，觉得书生无理取闹。但曾国藩却和颜悦色地劝解同学，安慰室友，丝毫不计较。

正是因为曾国藩在读书期间养成了勤奋学习、处处谦让、宽厚仁爱的品质，后来身处官场也取得了巨大的成就。曾国藩与张之洞、左宗棠、李鸿章四人并称"晚清四大名臣"。

天理良心，人之所以为人。宽仁厚德，覆载①所以长久。昧②良悖③理，不得为人。褊心④小量，安能合天？

——[清]刘沅(yuán)《寻常语》

① 覆载：指天地。

② 昧：蒙昧。

③ 悖(bèi)：违背。

④ 褊(biǎn)心：心胸狭小。

译文

人秉承自然的正气而生，具有善心，这是人之所以成为人的原因。人人都宽厚、仁德，自然、社会就能和平长久。如果蒙昧了自己的良心，违背了自然法则，那就不能叫作人。心胸狭隘，气量狭小，怎能符合自然天理呢？

小叮咛

曾国藩尊重室友，处处谦让宽容，遇事心平气和，这样的处世之道和博大胸襟值得我们钦佩和学习。小朋友，希望你也能学习曾国藩的待人之道，宽厚为人、仁爱待人，宽容地对待自己的亲人朋友，仁爱身边的每一个人。

26. 待人应有宽和之气

"三世辅臣，德高望重"

富弼（bì）字彦国，是北宋洛阳人。他为人宽厚，谦恭有礼，待人接物举止豁达，气度不凡。

有一次，一位秀才在街上遇见富弼，想当众羞辱他一番，便在街心拦住他，挑衅地说道："我早就听说你见多识广、博学多才，今天我想请教你一个问题，希望你不吝赐教。"富弼看出来者不善，但也不能当众不理会，便笑着答应了。

秀才问道："想要端正自己的内心，定要先使自己拥有诚意。所谓拥有诚意，就是不自欺，是即为是，非即为非。如果有人骂你，你会怎么样？"富弼想了想，答道："我会装作没听见。"秀才哈哈大笑："竟有人说你博学多才，原来也不过如此嘛！"

秀才走后，仆人对富弼埋怨道："您真是难以理解，这么简单

富弼像

的问题我都可以对上，怎么您却装作不知呢？"富弼说道："此人乃轻狂之士，若与他辩论，定然会言辞激烈、剑拔弩张。何况书生心胸狭窄，定会记仇，何必呢？"

几天后，富弼又在街上遇见了那位秀才。他主动上前打招呼，秀才却不屑地瞧了他一眼，然后扭头而去。可走出没多远，又回头对着富弼大声讥讽道："富弼就是一只缩头乌龟！"

有人告诉富弼那个秀才在骂他，富弼却毫不在意秀才的辱骂，温和地说道："天下同名同姓的人那么多，他是在骂别人哩！"秀才自知无趣，只得低头走开了。

富弼任宰相后，依旧保持宽厚谦恭的为人，从不以权压人或对人颐指气使。无论是下属官员还是平民百姓拜见他，他都行对等的礼节，延请就座，说话和颜悦色，送客人到门口，看到他们走出很远才回来。

后来，富弼辞去官职，隐居洛阳，常深居简出。晚年请求拜见的宾客日益多起来，他都以生病为理由，辞谢不见。亲近的人问他什么缘故，富弼说："大凡对待他人，无论富贵贫贱、贤达愚钝，都应以礼相待。我家多代人居住在洛阳，亲戚故旧大概成百上千，如果有的见有的不见，这不是同等对待的做法。如果每个人来了都接见，我年老体衰又有病，不能承受。"

士大夫们知道了他的用意后，便都没有怨言。司马光称颂他"三世辅臣，德高望重"。

凡做人，须有宽和①之气。处家不论贫富，亦须有宽和之气。

——[清]张履祥《训子语》

①宽和：宽厚谦和。

译文

凡是做人，必须有宽厚谦和的气度。持家不论是贫困还是富贵，也都要有宽厚谦和的气度。

小叮咛

和是温暖宽和的和，如春风拂面，如夕阳斜照，如温泉涤足，如稻香扑面；气是气定神闲的气，不疾不徐，不张不弛，恰到好处。和气待人，是一种礼貌，也是一种心态，更是一种人生格局。小朋友，愿你懂得宽和之意，愿你在跋涉人生的旅途中，做一个和气之人。

27. 为他人掩恶扬善

吕蒙正不记人之过

吕蒙正（明·陈洪绶）

北宋时期的吕蒙正，曾经三次担任宰相，为人正直敢言，而且从不斤斤计较，是一个心胸开阔的人。

当时，吕蒙正被提升为左谏议大夫。然而，有一些人觉得他出身贫寒，还有过乞讨经历，就很瞧不起他，私下对他议论纷纷。

有一次，吕蒙正正赶着上朝，一位官员在他身后故意放高声音，很不客气地说："就这穷小子也能入朝参政？有什么能耐！配吗？"

这种奚落挖苦的话吕蒙正平时也没少听，但他不想与同僚计较，就假装没听见，走开了。但与吕蒙正私交很好的一位大臣感到愤愤不平，就要去追查那位官员的职

务和姓名。吕蒙正连忙制止，说："这件事情虽令人气愤，但大家同为朝廷效力，就不要计较了吧。"

下朝之后，那些与吕蒙正志同道合的官员听闻此事，很是气愤，纷纷表示要追查那位官员。吕蒙正安慰他的朋友们说："知道还不如不知道为好呢！你们想，如果知道奚落我的人是谁，我一辈子都不会忘记，徒增了烦恼。但如果不知道呢，也就什么事情都没有了，心里舒坦多了。"听了吕蒙正的话，大家无不佩服他的肚量。

聆听家训

人有恶，则掩之；人有善，则扬①之。
　　　　　　——[宋]朱熹《朱熹家训》

①扬：褒扬。

译文

别人做了坏事，应该帮助他改过，不要宣扬他的恶行；别人做了好事，应该多加表扬。

小叮咛

小朋友，人不可能永远都不犯错误，有时候，别人的某些错误可能还会伤害到我们。这个时候，如果心存报复，不能容人，势必会使双方的矛盾越来越大；而如果心胸豁达，与人为善，往往会使自己的路越走越宽。

28. 和睦之道，开诚布公

面责毛泽东的开国大将

1947 年是解放战争的关键一年。为了化解敌人的攻击压力，毛泽东调动陈赓(gēng)率领四纵队西渡黄河，回师陕北，驻扎在黄河两岸，保卫党中央的安全。

陈赓回到陕北，毛泽东特意请他吃饭，周恩来作陪。他们一高兴，喝了好几杯酒。喝着喝着，陈赓突然说："主席，恕我直言，你调我西渡黄河，不够英明。"毛泽东愣了一下，示意他继续说下去。

陈赓耿直地说："主席，你应该让我南渡黄河、东砍西杀，再给敌人的胸口插上一把刀。至于保卫陕甘宁，可以考虑另外的同志。把我调过来，不谦虚地说，实在是大材小用了……"

毛泽东听到这里，一拍桌子站起来，大怒："好你个陈赓！这次调你过黄河，可不是为了保护我毛泽东，你们都想在中原辽阔的战场上杀个痛快，陕甘宁边区谁来保卫？你让我就近调兵，你最近，我都调不动，我还能调哪一个？"

陈赓闻言，吓了一跳，他可从来没见过毛泽东发这么大的脾气，赶紧回答："主席，我这只是个人看法，我坚决服从党中央的决定。"

这时，毛泽东却突然哈哈大笑，说："我只是跟你开个玩笑。陈赓呀，你的想法很对！"周恩来也哈哈大笑起来。

最终，党中央改变计划，支持了陈赓的想法。陈赓也不辱使命，南渡黄河，打了好几场大胜仗。

聆听家训

和睦之道，勿以言语之失、礼节之失，心生芥蒂①。如有不是，何妨面②责，慎③勿藏之于心，以积怨恨。

——[清] 王夫之《丙寅岁寄弟侄》

①芥蒂：比喻心里的嫌隙或不快。

②面：当面。

③慎：千万，一定。

译文

人与人之间和睦相处的方法，在于不因为言语上的过失、礼节上的过失而心生嫌隙。对方如果有不对的地方，不妨当面批评，千万不要将它藏在心里，以致积累怨恨。

小叮咛

陈赓敢于面责毛泽东，足以表明毛泽东的平和态度。我们在生活中难免会出现言语上的过失和礼节上的冒犯，从而与人产生摩擦和矛盾。小朋友，在这种时候，切忌心有成见，要学会诚意待人，坦白无私，努力消除彼此的怨恨，解决出现的矛盾。

29. 尊重他人的劳动

仁民爱物的宋仁宗

宋仁宗严于律己，是历史上以仁治国、仁民爱物的帝王典范。

有一天晚上，宋仁宗处理国务到深夜，突然觉得饥肠辘辘，他特别想吃一碗热腾腾的羊肉汤来暖暖身子。可是深更半夜的，上哪儿去弄呢？他只好强忍着睡去了。

第二天用早点时，宋仁宗把昨夜这段馋嘴的遭遇说给皇后听。皇后听罢一阵心疼："陛下为了国事日夜操劳，想喝羊肉汤，吩咐御厨做便是，何苦忍饥挨饿遭受这份罪呢？"

宋仁宗摆摆手，说道："算啦！朕听说，皇宫里一有什么需求，外面就会当成惯例。恐怕吃了这一回，日后宰杀就会不断。为了一时的口腹之欲而伤民害物，那就太糟糕啦！我宁可忍一时之饥啊！"

有一年秋天，内务府采办了一些新上市的肥美蛤蜊(gé lí)，宋仁宗在餐桌上见到这些稀罕物，好奇地问道："这东西汴京并不产，是哪里弄来的？"内监回奏到："是海边买来的。"

当时交通不便，全靠车马运输，从遥远的海边运送这一盘新鲜的蛤蜊到汴京，肯定是大费周折。宋仁宗就问："这一枚价格多少？"内监答道："千钱一枚，共廿八枚。"

宋仁宗一惊。内监解释道："海物不容易保存，自海边到京城，十不存一二，故而昂贵。"宋仁宗听罢，不无心疼地说道："我时常告诫你们不要过于奢侈，我今天一动筷子，二十八千钱就没了。这是老百姓付出多少劳动才能获取的收入啊！我实在于心不忍啊！"于是，宋仁宗硬是没动一筷子。

聆听家训

> 一粥一饭，当思来处不易；半丝半缕，恒念①物力维艰②。
>
> ——[清]朱柏庐《朱子家训》

①恒念：经常想着。
②维艰：艰难。

译文

即使是一碗粥一碗饭，也应当想到它们来之不易；即使是半根丝半根线，也要经常想到它们得之艰难。

小叮咛

小朋友，劳动是伟大的、光荣的，也是辛苦的。每个人的劳动成果都应该得到尊重。即便是一粒米、一个果，也是别人心血和汗水的结晶。我们在享受别人劳动成果的同时，不仅要感恩，更要尊重和珍惜。

30. 待人须表里如一

杨震暮夜却金

杨震，字伯起，是东汉年间弘农华阴（今陕西华阴东）人。杨震少年时家境贫穷，但他刻苦勤学，饱读诗书，专心研习。当时的儒生都称赞他为"关西孔子"。

杨震醉心于研究学问，一直不愿做官，直到50岁时，他才步入仕途，在州郡任职。当时的大将军邓骘（zhì）是个爱才惜才的人，他听闻杨震才高学富，德行高尚，就举荐

杨震像

他为茂才。后来，杨震四次升迁，不久做了荆州刺史、东莱太守。

当时朝廷腐败，贪官污吏屡见不鲜，但杨震洁身自好，"出淤泥而不染"。他衣食住行都很简朴，家人子孙也都布衣蔬食、出入步行。有人好心地劝他："您现在手上有了权力，就该好好发挥它的作用，最起码应该为子孙后代留下点产业。"杨震听了一笑置之，

答道："我的家人能让后世称作清官的子孙，这种美誉是无论花多少钱都买不到的！"

杨震任荆州刺史时，发现一个叫王密的人，他才华出众，品行也好，于是就向朝廷举荐他。后来，王密被委任为昌邑县令，对杨震心怀感激。几年后，杨震调任东莱太守，上任途中经过昌邑。王密一直记着杨震的举荐之恩，非常热情地招待了他。晚上，王密独自到杨震住宿的驿馆拜访。一阵寒暄过后，王密从怀中掏出一个布包，说："我能有今天，全靠您的栽培与赏识。这十斤黄金，是我的一点心意，请笑纳。"

杨震见了很是惊讶，他严肃地对王密说道："我当初举荐你，是看在你很有才学，也认为你很懂礼貌。但如今看来，你并不了解我啊！赶紧收起来吧！"

王密以为杨震不收，是怕坏了名声。于是检查了一遍门窗是否关紧，再凑近杨震低声说道："天黑了，没有人知道的，您就放心收下吧！"

哪知杨震一听这话，脸色陡变，斥责道："你赠送黄金给我，天知、地知、你知、我知，怎么能说没有人知道呢？"继而又正色道，"君子慎独，怎么能因为没有人知道就做出违背道义的事情呢？我希望你不要让我后悔我的推荐！"

王密听罢，羞愧难当，急忙起身谢罪，收起金子灰溜溜地走了。据说经过这次教训，王密后来也成了一个非常廉洁的官员。

因为有天知、地知、你知、我知，杨震索性把自己的书房题名为"四知堂"，他本人也被誉为"四知先生"。

口不说欺心语，身不为欺心事，出无惭①友朋，入无惭妻子，方可名②学人。

①惭：惭愧。
②名：称得上。

——[明]吴桂森《训子》

■译文■

不说欺骗内心的话，不做欺骗内心的事，在外不愧对朋友，在家不愧对妻子和家人，这样才称得上是学者。

■小叮咛■

古人云："诚者，天之道也；诚之者，人之道也。"杨震暮夜却金，可谓"诚者"。小朋友，我们应"口不说欺心语，身不为欺心事"，时刻提醒自己，努力做个不愧对朋友、不愧对家人，有真才实学的人。

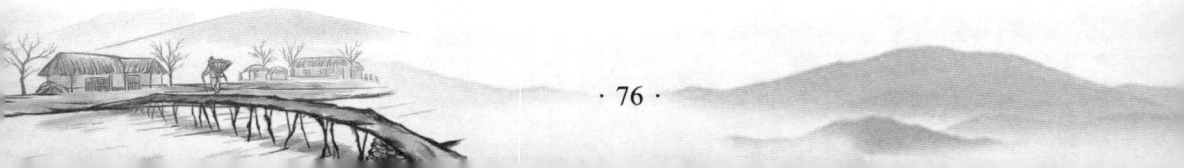

凡事当留余地，得意不宜再往。人有喜庆，不可生妒忌心；人有祸患，不可生喜幸心。

31. 借人财物应及时归还

宋濂借书

宋濂是元末明初浙江浦江人，他是当时著名的政治家、文学家，是"明初诗文三大家"之一，也是"浙东四先生"之一，更是被明太祖朱元璋誉为"开国文臣之首"。

宋濂自幼聪敏好学，然而家境贫寒，上不起学，也买不起书，只能经常问别人借书，亲手抄录。每次借书时，他总是与主人讲好期限，按时归还，从不违约，而且他对借来的书爱护有加，因而人家也很乐意把书借给他。

有一次，宋濂借到一本书，越读越爱不释手，于是，他决定把它抄录下来，随时翻看。可是，与主人约定的七日之限快到了，为了遵守约定，他决定连夜抄书。

隆冬的夜晚可真冷啊！宋濂没抄一会儿，就冻得手脚僵硬、动弹不得，他只好停下笔，略略活动活动，再继续抄写。

母亲半夜醒来，发现宋濂还在抄书，不无心疼地劝说道："孩子，你今天抄录了一整天了，现在已经这么晚了，天又严寒，你快歇息吧，等天亮再抄录也不迟啊！何况，人家又不是等着这书看。"

宋濂摇摇头，回复道："不行，母亲。不管人家等不等这书看，

我既然已经答应人家明日归还，就必须明日还给人家，万万不能失信于人啊！"说着，继续埋头专心抄写。

第二天早晨，突然下起鹅毛大雪，寒风凛冽。主人以为宋濂不会来还书了，可宋濂依然冒着风雪把书送了回来。主人十分感动，直夸道："你真是个信守承诺的孩子！"并交代，"我这里还有很多藏书，以后不管你要借哪本都可以，什么时候还都行！"

从此以后，宋濂总是去这户人家借书，并按时归还。这家主人也十分尊重宋濂，总是不厌其烦地借书给他。

聆听家训

借取时①还，贷物早偿②。此虽小事，廉耻之本。

——[唐]杜正伦《百行章》

①时：按时。
②偿：偿还。

译文

借用他人物品按时归还，借贷他人财物早日偿还。这虽然是小事情，却是廉耻的根本。

小叮咛

小朋友，借用别人的物品，除了使用时要加以爱护，使用后也要及时还给对方哦！所谓"好借好还，再借不难"，希望你能像宋濂那样信守承诺，养成良好的借还习惯哦！

32. 交挚友，行至诚

一诺千金

西汉初年，有一个叫季布的人，他为人忠厚直爽，而且非常讲信用，只要他答应别人的事，无论有多么困难，他一定会想方设法做到。因此，季布受到了许多人的称赞，大家都很尊敬他。

当时季布生活的地方还流传着这样一句谚语："得黄金百斤，不如得季布一诺。"意思是说，得到一百两黄金，还不如得到季布的一个承诺。说起这句话，还有一个感人的故事呢！

季布曾经在项羽的军中当过将领，而且多次率兵打败刘邦。所以当刘邦建立汉朝，当上皇帝时，便下令捉拿季布，并且宣布：凡是抓到季布的人，赏黄金千两；如有窝藏季布的，灭其三族。

季布因为平日为人正直、行侠仗义，所以很多仰慕他的人暗中都保护他。起初，季布躲在好友的家中，但过了没多久，捉拿他的风声越来越紧。他的朋友就把他的头发剃光，将他化装成奴隶，和几十个家仆一起卖给了鲁国的朱家当奴隶。

朱家早听说过季布的为人，对他十分欣赏，竭尽全力将季布保护起来。不仅如此，朱家还专程到洛阳去找汝阴侯夏侯婴，请求他解救季布。

夏侯婴打小就与刘邦很亲近，也为刘邦建立汉王朝立下了汗马功劳。他也很欣赏季布的为人，很同情季布如今的处境，便在刘邦面前为他说情。夏侯婴的说情，终于使刘邦收回了捉拿季布的命令。不仅如此，刘邦还封季布为郎中。

聆听家训

诚者，天之道也；思诚者，人之道也。至诚而不动①者，未之有也；不诚，未有能动者也。

①动：感动。

——[战国]孟子《孟子》

译文

诚，是自然的法则；追求诚，是做人的法则。做到了至诚而不能感动别人的，是从来没有的；如果不诚，从来没有能感动人的。

小叮咛

因为讲信用、待人以诚，季布得以死里逃生，而且还得到了重用。反之，他可能给自己带来祸患。小朋友，你记得喊"狼来了"的孩子吗？那样的事例还真不少。的确，做人应该至诚，时时处处思"诚"，不然就难以立足。

33.待人以礼守信约

"我不能失信！"

宋庆龄是我国著名的革命家孙中山先生的夫人，曾担任中华人民共和国的名誉主席。她年少时期受父亲宋耀如的影响极大。父亲总是给孩子们讲古代诚实守信的故事，叮嘱孩子们养成诚实、善良的品质。宋庆龄将父亲的话牢牢记在心里。

一个星期天，宋耀如一家用过早餐，准备去拜访一位老朋友。二女儿宋庆龄显得特别兴奋，她早就盼望着到这位伯伯家去了。伯伯家养的鸽子可爱极了，尖尖的嘴巴，红红的鼻子，黑溜溜的眼睛。伯伯还说准备送她一只呢！

宋庆龄刚走到门口，忽然想起一件重要的事：同学小珍今天上午要来找她学叠花篮呢！父亲见她停住了脚步，奇怪地问："庆龄，你怎么不走啦？"

宋庆龄略感遗憾地说："爸爸，伯伯家我去不了了。我昨天和小珍约好了，今天她来我们家，我教她叠花篮。"

"你不是一直想去伯伯家吗？改天再教小珍吧。"父亲说完，拉起庆龄的手就要走。

"不行，爸爸，如果我不守信用，小珍会很失望的。"宋庆龄边说边把手抽回来。

"那……回来你去小珍家解释一下，表示歉意，明天再教她叠花篮，好吗？她肯定不会怪你的。"妈妈在一旁说。

思考再三，宋庆龄仍觉得不能失信于人，便说："妈妈，如果我忘记了这件事，明天可以向她道歉，可是我并没有忘记，我不能失信！"

"我明白了，我们的庆龄是个守信用的好孩子。"妈妈望着宋庆龄笑了笑，说，"那你就留下来吧！"宋庆龄点点头，甜甜地笑了。

送家里人出门后，宋庆龄一个人回到房间里，耐心地等候着。她一会儿拿起一本书看，一会儿坐到琴凳上弹钢琴。可是，平时很熟的曲子，今天却总是弹不准。

几个小时过去了，小珍还是没有来。宋庆龄等得有些着急了，她时不时跑到大门口张望，一直到中午，仍不见小珍的踪影。

宋庆龄父母因为不放心女儿一个人在家，所以在朋友家吃完午饭就回来了。父亲一推开门，看见女儿独自一人在看书，就疑惑地问道："庆龄，怎么就你一个人？小珍走了吗？"

宋庆龄答道："或许她今天临时有什么事情吧，没有来。"妈妈心疼地说："我的女儿一个人在家，该多孤单啊！"

宋庆龄仰起脸，轻松地回答道："一个人在家，是很孤单。可是，我并不后悔，因为我没有失信！"

以身涉世，莫要^①于信。此事非可袭取^②，一事失信，便无事不使人疑。果能事事取信于人，即^③偶有错误，人亦谅之。

——[清]汪辉祖《双节堂庸训》

① 莫要：没有比……更重要。

② 袭取：沿袭取用。

③ 即：即使。

译文

想要在社会上立足，没有比守信用更重要的。守信用并不是一下子就能沿袭取用的，一件事失信于人，就没有什么事不让人怀疑。如果每一件事都能取信于他人，即使偶然犯错误，他人也会原谅的。

小叮咛

小朋友，我们应该向宋庆龄学习，时时刻刻牢记"我不能失信"这句话，对自己的言行负责，一旦允诺别人，就要想方设法办到。一个人只有言而有信，行而有果，做事情有始有终，才能与朋友建立起相互信赖的关系，才能获得小伙伴的信任。小朋友，"人无信，不可交"，现在你知道获得友谊的法宝是什么了吧？

34. 交友之道，以信为主

故事会

千里赴约

三国时期，吴国有位名士卓恕，他是浙江上虞人，为人诚实，重信誉。他答应别人今天办的事决不会拖至明天；他与人约会，纵然遇到暴风骤雨也会守约必到，因此很受人们的尊敬。

卓恕与诸葛恪同在建业（今江苏南京）求学，两人常一起切磋学问，议论天下大事，成了志趣相投的密友。

有一次，卓恕要从建业回老家上虞探望亲人，特向好友诸葛恪辞行。

"你何时能回来呢？"诸葛恪期盼着老朋友早日回来相聚。

卓恕告知诸葛恪回来的日期，并承诺："等我归来那天再到你府上一叙。"于是，两人便依依不舍地告别了。

诸葛恪一直记着卓恕的归期。到了那一天，他准备了丰盛的酒菜，还特意邀请了两人共同的好友，想要与卓恕痛饮一番，听他聊一聊这趟远行的见闻。

正午时分，客人们都到齐了，酒宴也都备好了，但是，仍然看不到卓恕归来的身影。

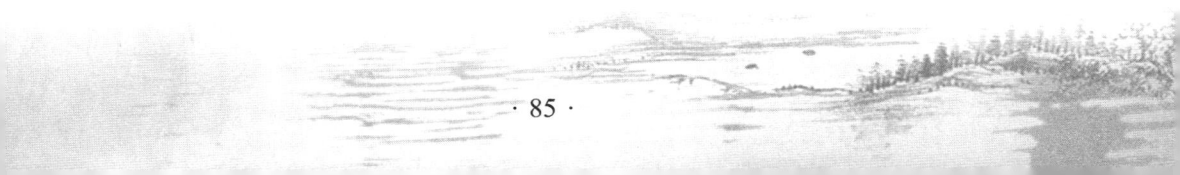

"两地相隔一千多里，其间江湖阻隔，或许遇到什么风险，很难准时回来吧？""一路舟车劳顿,或许他在途中歇息一番呢！""卓兄多年没有回家，这次难得回去一趟，多住几天也有可能。人之常情嘛！"客人们见时间差不多了，还没见到卓恕的身影，不免议论纷纷，相互猜测。

　　但是，诸葛恪了解卓恕，他深信他的朋友一定会如期赴约的。他一边招待大家，一边劝慰大家少安毋躁，说卓恕是个极其守约的人，一定不会爽约。

　　果然，没一会儿，家仆就跑进来通报卓恕到了。诸葛恪赶忙到门口迎接。

　　不一会儿，只见卓恕风尘仆仆地赶来，连声说："不好意思，不好意思，我来晚了！"

　　"一路辛苦了。"诸葛恪连忙说道。

　　"他真的来了！""是啊，是啊，赶了一千多里路，真不容易！"在客人们的赞扬声中，卓恕被迎进了大门，酒宴如期举行。

　　卓恕千里如期赴约的故事一直被人传为佳话。

聆听家训

交友之道，以信为主。出言必吐肝胆①，谋事必尽忠诚。宁人负②我，毋我负人。

——[明]袁黄《训儿俗说》

①肝胆：比喻真诚的心。

②负：辜负，对不起。

交朋友的原则，在于以诚信为主。所说的每一句话一定要发自肺腑，为人谋划每一件事情一定要竭尽忠诚之心。宁可别人对不起我，我决不能对不起别人。

诚实守信，是为人处世的基本准则，也是中华民族的传统美德。卓恕对待朋友诚实守信，如期千里赴约，竭尽忠诚，使大家深受感动。是的，交友贵在如此，以信为主，重信重义。小朋友，我们也要如卓恕般，信守诺言，真诚相待，这样才可能交到真正的朋友。

35.要求别人做到的自己先做到

"我一定能行！"

雷锋小时候读书刻苦用功，又乐于助人。他从小就立志做个好学生，长大要为党、为人民多做好事。他身体力行，要求别人做到的总是自己先做到，为我们树立了好榜样。

雷锋在清水塘小学求学期间，每天要走十六七里路，他经常早出晚归，从不旷课。即便是雨雪天气，他都从来不迟到。每当老师讲课时，他总是用心听讲，认真记录。每逢劳作时，他的口袋里总会装着书，干活累了，就坐下来边休息边看书，决不蹉跎（cuō tuó）时光。

后来，雷锋转学到荷叶坝完小读书。当时，荷叶坝完小

毛泽东题词

还没有建立少先队组织呢，当雷锋一跨进学校大门时，胸前鲜艳的红领巾立刻就把同学们吸引过来了。"少先队员为什么要戴红领巾呢？""什么人才能加入少先队组织呀？"……同学们七嘴八舌，纷纷好奇地问他。

雷锋这才意识到，自己是这里唯一的少先队员。于是，他就更加严格要求自己，处处以身作则，起好模范带头作用，他还成了学校少先队建队的积极分子。学校少先队组织建立后，雷锋主动协助少先队辅导员开展各种有意义的活动。比如，组织课外读书小组，开展文体活动，组织义务生产劳动等等，雷锋都起到了骨干作用。

有一年六一儿童节，学校少先队决定到烈士公园过一个有意义的队日。到烈士公园要步行 30 多里路，雷锋想，打大鼓任务最重，就主动揽下了打大鼓的任务，走在队伍的最前面。他虽然个子小，但是打起鼓来劲头十足，队员们踏着鼓点，唱着《少先队员之歌》，迈着整齐的步伐，向烈士公园进发。

走了七八里路，雷锋已累得浑身是汗。辅导员见了，赶忙派了一名同学来替他背鼓。雷锋却笑笑说："不用换，我能行！"说着他又挺起胸，扬起小手，精神十足地把鼓擂得"咚咚咚"更响了……

就这样，雷锋顶着烈日，背着好几斤重的大鼓，边走边打鼓。他越走越觉得四肢乏力、头昏目眩、腰酸腿痛、口干舌燥，怎么办？他心中只有一个坚定的信念：坚持！坚持！朝着目标，坚持到底！我一定能行！

就这样，雷锋终于坚持到了烈士公园。他放下大鼓，解开衣襟，让清爽的山风吹拂着自己，心中涌出一股说不出的畅快……

守①我之分②者，礼也；听我之命者，天也。人能如是，天必相之。

——[宋]朱熹《朱熹家训》

①守：遵循，遵守。
②分：本分。

译文

尽人本分去做，是礼的规定；赋予我们使命的是上天，人能做到尽本分，老天一定会保佑相助他。

小叮咛

雷锋以身作则，认领的任务不管多辛苦都要尽力去做，坚持完成，是我们大家学习的好榜样。小朋友，我们要像雷锋那样树立良好的自身形象，在要求别人按照规矩办事的时候，自己也同样必须如此，守好本分，永不放弃。

36. 善待他人就是善待自己

刘备三顾茅庐

东汉末年，天下纷争，曹操"挟天子以令诸侯"，作为汉朝宗室的刘备，也在寻找着机会实现自己的政治抱负。

刘备手下有个谋士叫徐庶，足智多谋，刘备非常赏识他的才能。有一天，徐庶向刘备建言："主公，隆中有一位奇士，此人复姓诸葛，名亮，字孔明，有经天纬地的才能，文能治国、武能安邦。主公何不请他来襄助，以成大业？"

求贤若渴的刘备一听，非常高兴，忙说："那就劳烦你辛苦一趟，请诸葛先生前来一见，如何？"徐庶摇摇头，说道："这个人只能去他那里拜访，不能委屈他召他上门。主公何不屈尊，亲自去请他出山？"

刘备觉得有理，于是第二天便

三顾草庐图（明·戴进）

带着关羽、张飞前往。他们来到隆中卧龙岗，找到了诸葛亮居住的三间草庐。刘备下马，亲自上前扣柴门。一位小童出来开了门，刘备自报家门，并说明来意。小童告诉刘备，诸葛先生一早就出门访友去了，不知什么时候回来。

刘备等人无奈，只好失落地走了。过了几天，刘备又迫不及待地再次前往。当时正是隆冬时节，刘备三人顶风冒雪来到卧龙岗。然而，诸葛亮又没在家，他们等了许久也不见他回来。刘备三人又一次扫兴而归。

刘备一心惦念着诸葛亮，总是隔三岔五地派人前去隆中打听消息，准备再去拜访。关羽和张飞有些不耐烦了，说："这个诸葛亮太不近人情了，竟然要大哥三番五次地屈尊去请。想必是没什么本事，不敢相见吧。不如让我们兄弟去捆了他来！"刘备忙阻止道："诸葛先生是难得的人才，怎么能如此无礼？我必须亲自去请，才能表明我的诚意和善意。"

三人第三次去隆中时，刘备为了表示敬意，离诸葛亮草庐还有半里路时便下马步行。到了诸葛亮家时，诸葛亮正在午睡。刘备不愿打扰他，就一直在台阶下等候着。

诸葛亮被刘备的诚心打动，他根据自己多年的观察，向刘备分析了当前的政治形势，详述了自己的政治见解："如今曹操占据北方，兵精粮足，不能与之争强；孙权占据江东，民心顺服，也不能与之争胜负，但可与他联盟。若能夺取昏庸无能的刘璋所占据的蜀地，对外联合孙权，对内整顿政务，兴复汉室指日可待！"

刘备听完茅塞顿开，再三拜请诸葛亮出山。从此，诸葛亮用自己的智慧和才能为刘备鞠躬尽瘁、呕心沥血，直到生命的最后一刻。

聆听家训

爱人者，人恒①爱之。敬人者，人恒敬之。我恶②人，人亦恶我。我慢③人，人亦慢我。

①恒：永远。

②恶（wù）：厌恶。

③慢：怠慢。

——[清]高攀龙《高氏家训》

译文

爱别人的人，别人也永远爱他。尊敬别人的人，别人也永远尊敬他。我厌恶别人，别人也会厌恶我。我怠慢别人，别人也会怠慢我。

小叮咛

刘备求贤若渴，三顾茅庐诚意请诸葛亮下山，得诸葛亮倾心辅佐，终成就了大业。现今社会是一个平等的社会，也是一个需要合作的社会，人与人之间是一种互动的关系。小朋友，就像照镜子一样，你对生活微笑，生活自然就会对你微笑；你善待别人，别人才会善待你。希望你懂得善待他人就是善待自己的道理。

37. 交益友不交损友

管宁割席

东汉末年，管宁和华歆是一对非常要好的朋友。他们同桌吃饭、同榻读书、同床睡觉，相处得很和谐，成天形影不离。

有一次，他们在田里锄草。两个人努力干着活，顾不得停下来休息，一会儿就锄好了一大片。管宁抬起锄头，一锄下去，突然"当"一下，碰到了一个硬东西，定睛一看是一锭金子。但他并未理会，继续锄草。华歆得知后，丢下锄头奔了过来，拾起金子左右端详，爱不释手。

管宁见状，一边干活，一边责备他："钱财应该靠自己的辛勤劳动获得，不可贪图不劳而获的财物。"华歆听了，不情愿地丢下金子回去干活，但不住地唉声叹气。管宁见他这个样子，不再说什么，只是暗暗地摇头。

又一次，他们两人坐在一张席子上读书。这时一名大官在窗外经过，敲锣打鼓，前呼后拥，威风凛凛。管宁对外面的喧闹无动于衷，仍专心读书。华歆却被这种排场吸引住了，他嫌在屋里看不清楚，干脆连书也不读了，急急忙忙跑到街上去看热闹。

管宁看不惯华歆羡慕富贵和虚荣的行为，决定与他断交。等到华歆回来后，就当着他的面，把席子割成两半，痛心地宣布："我们志不同道不合，从今以后，我们就像这割开的席子一样，再也不是朋友！"

聆听家训

凡交朋友，须择孝弟①忠信、刻苦读书之人，交之有益，如入芝兰②之室，不觉其香，己亦与之俱化③。

——[清]王师晋《资敬堂家训》

①弟(tì)：同"悌"，敬爱兄长。
②芝兰：香草。比喻环境美好。
③化：潜移默化。

译文

凡是交朋友，要选择孝顺父母、友爱兄弟、尽忠守信、刻苦读书的人。交到有益的朋友，就好像进入了摆满香草的房间，久而久之就闻不到它的香味了，这是因为自己和香草潜移默化中融为一体了。

小叮咛

"近朱者赤，近墨者黑"，可见客观环境对人的影响之大，管宁割席的故事足以证明择友的重要性。以益友为镜，就可以找到自己的不足，并不断鞭策自己，完善自己。小朋友，我们应该明辨是非，多结交品行端正、积极上进的好朋友。

38. 与人共事不可不慎

和而不同

　　司马光和王安石都是北宋著名的政治家和文学家，两人无疑都在中国历史上留下了浓墨重彩的一笔。但两人性格截然不同，一个是保守派，一个是改革派。

　　司马光性情温和，待人宽厚，即使做了宰相，也按照老祖宗留下来的规矩，主张"无为而治"，平时说话彬彬有礼，大家都觉得他是一个谦谦君子。

　　王安石从小读书好，在当地很有名气，虽然年纪不大，但颇有主见，平时不太喜欢和别人随便说笑。王安石年轻时一帆风顺，年岁不大就当了大官，但他有个坏习惯：不爱洗澡，穿衣服相当不讲究，经常蓬头垢面、不修边幅就上朝觐（jìn）见天子。尽管王安石是典型的"脏乱差"，却依然"皇恩殊厚"，成为宰相。他一心想要改革，想方设法为大宋收税，充盈国库。

　　司马光和王安石两人的政治主张相差十万八千里，他们彼此都不认同对方治理国家的方法。在争夺权力的过程中，两人都毫不客气，用各种手段力取实现自己的政治抱负。斗争的结果是王安石获胜，司马光从宰相宝座上被赶了下来。

王安石大权在握，皇帝询问他对司马光的看法，王安石大加赞赏，称司马光为"国之栋梁"，对他的人品、能力、文学造诣都给予了很高的评价。正因如此，司马光虽然失去了皇帝的信任，但是并没有因大权旁落而陷入悲惨的境地。他得以从容地"处江湖之远"，每天吟诗作赋，生活很安定。

聆听家训

不幸与君子同过，犹可对人；幸①与小人同功，已为失己②。况君子必不诿③过，小人无不居功。与人共事，何可不慎？

——[清]汪辉祖《双节堂庸训》

①幸：侥幸。
②失己：失去自我（的人格）。
③诿：推卸，推诿。

译文

不幸和君子一同犯了错，尚且说得过去；侥幸和小人一起立了功，其实已经丧失了自我。何况君子必定不会推卸过错，而小人却无不以有功自居。与他人相处共事，怎么能不谨慎呢？

小叮咛

王安石与司马光两人尽管性格不同，管理国家的方法不同，但都是正人君子，胸怀坦荡。小朋友，我们在与人共处时也应胸怀坦坦荡荡、磊落光明，并谨慎从事，经常自我反省，不断提高自己的素养。

39.知错认错改错

师春姜教女

春秋战国时期，鲁国有位母亲叫师春姜。她的女儿嫁给了邻村一户人家，然而女儿出嫁没多久，就三次被婆家赶回娘家。

亲家是户好人家，师春姜早有耳闻。可自己也一向正直朴实、通情达理，对女儿的教育也从未懈怠，她觉得这里面一定有什么缘由。可女儿总说婆母这不好那不好，自己没有什么过失。师春姜觉得，不能只听一面之词，她决定亲自到女儿的婆家去打听一下。

师春姜一到女儿婆家，家里人热情接待。她问亲家自己女儿究竟出了什么事，亲家见她和善诚恳，便实话实说："亲家母，你的女儿到我家后，我们真的从未虐待她。你若不信，可以到邻里打听一下。可她却经常跟大姑、小姑、妯娌吵嘴，待人很没礼貌。我们好说歹说，她也不听，让邻居们都笑话。"师春姜非常生气，她万万没想到，女儿在婆家竟是这个样子！她连连向亲家赔不是，表示一定严加管教。

师春姜回到家就把女儿叫到跟前，狠狠训斥道："我从小就教导你要懂礼，要敬长辈。你出嫁前我反复叮嘱你要孝敬公婆，同家人和睦相处。而你呢，言语放纵，竟多番与人拌嘴，还丝毫没有悔悟之心，太不像话了！"说完还把女儿打了一顿。

师春姜决定把女儿留在身边进行再教育。从此，女儿在娘家一住就是三年。在母亲的谆谆教导、严格训练下，女儿心性收敛了不少，表示一定会牢记教诲，知错改错。师春姜这才把女儿送回婆家。

此后，女儿知情达理，处处严格要求自己，与公婆一家再未起争端，受到了邻里的一致好评。

聆听家训

人有不美之行，念及其后嗣，而翻然①改悔者，迁善②改过，盖③亦教在其中矣。

——[清]杜堮(è)《杜氏述训》

①翻然：迅速改变的样子。

②迁善：改恶从善。

③盖：副词，大概。

译文

一个人有不好的行为，想到自己的后代子孙，能够幡然醒悟并且悔改，改正过失而向善发展，大概施教也就在其中了。

小叮咛

师春姜不偏私、不护短，严格管教女儿；女儿知错改错，变得知情达理，受到邻里的好评。小朋友，我们不怕犯错，也难免犯错，但是犯错后我们要及时改正，吸取教训，做个能认错、能改过的人。

40. 以助人为乐

可靠的财富

　　明朝末年，安徽桐城有个张老员外，他心存善念，以助人为乐。有一年庄稼歉收，米价上涨，一些狡猾奸诈的商人看到这一情形，纷纷把米粮囤积起来坐地起价。于是，老百姓们没米吃，就引起了大恐慌。地方官向朝廷报告灾情，却迟迟得不到朝廷的回复和赈灾。

　　张老员外目睹这个情形，心急如焚。为了让百姓们在荒年有米吃，也为了安抚百姓们的情绪，张老员外决定将自己家里的存米以半价出售。百姓们听到这个消息，欣喜异常，非常感谢张老员外的善行。

　　张老员外又想到那些贫苦的人，即使半价出售存米，可他们仍旧连买米的钱都没有，仍然在挨饿。想到此，他又办了一个施粥厂。受施的人隔天领餐券，一日三餐，每餐白粥一大碗，咸菜一小碟，许多人空着肚子来，吃得饱饱地回去，大家都称颂张老员外是个"活菩萨"。而张老员外却很谦虚地说："荒年米价比较贵，半价出售是怕奸商乘机赚钱，害得大家没有米吃，至于施粥的费用也不多，只要大家都有饭吃，我就觉得很安慰了。"

　　张老员外半价售米，又持续施粥给穷人，家里的钱也渐渐用完

了，但是，荒歉的景象尚未平复。想做善事还真不容易，张老员外心里十分焦急。他心想："这时候我如果把救济的事业停止了，一般贫民就会有饿死的可能，那我当初的救济不就白费了吗？救人必须救到底，现在我还有一部分家产，我应该把这些产业变卖了，继续救济乡里才是！"

想定了主意，张老员外就去和夫人商量。夫人贤德善良，非常赞成张老员外的善举，她说："积存产业给子孙，如果不积德，万一子孙不成才、没出息，就算是金山银山也会用尽。如果积德给子孙，即使没有留家产，但是将来如果子孙勤勤恳恳、耕读传家，还是会富裕起来的！田地房屋就由你做主变卖，我有些珠宝首饰，也

和睦人家图（清·钱慧安）

一起卖了吧！"于是，两人卖了值钱的东西，继续赈济贫民，直到度过荒年。

张老员外过世后，到了第五代子孙张英，做到了宰相的职位。张英的儿子张廷玉也官至宰相。张氏家族六代人中，还出了12位翰林、24位进士，名动桐城。

事无大小，理在其中。当理者，必能践其言，而卒①于成。理不当者，虽词穷力竭②，而终于自画③。

——[宋]李邦献《省心杂言》

① 卒（zú）：最终。
② 竭：费尽，用尽。
③ 自画：自己限制自己。

译文

事情无论大小，都有个理字在其中。合理的，必定能实践其言论、理念，最终得到成功。不合理的，即使百般辩解，费尽心力，最终还是自己限制了自己。

小叮咛

好的教导是以身作则、言传身教，自身所积累的仁心、善行、德性才是留给后代最宝贵的财富。小朋友，我们做人做事也要有端正的态度、助人为乐的品质、坚持不懈的精神，好好珍惜父母留给我们的最宝贵的财富，并不断将其弘扬。

41. 与人交际勿玩弄阴谋

宋太祖趣闻轶事

宋太祖赵匡胤（yìn）出身于军事世家，他拥有超群的武艺、出众的胆略、非凡的气度，是大宋王朝的建立者。

赵匡胤刚当皇帝时，节度使的权力很大，不太听他的指挥。有一天，赵匡胤将他们招来，授给他们每人一把佩剑、一副强弓、一匹骏马。然后，他单身上马，不带侍卫，和这些节度使一起驰出皇宫。

赵匡胤像

到了树林中，赵匡胤与他们一起下马饮酒。饮了几杯酒以后，赵匡胤突然一脸严肃地对他们说："这里僻静无人，你们之中谁若是想当皇帝的，可以杀了我，然后去登基。"

节度使无不被他的这种气概镇住，一个个拜伏在地，战栗不止，连称"不敢，不敢"。

赵匡胤再三询问，他们个个吓得埋头不语。赵匡胤就训斥他们说："你们既然拥立我做天子，就应当各尽臣下的职责，今后不准再骄横不法，目无天子！"节度使们都三呼"万岁"，表示顺从。

赵匡胤得闲时喜欢在后园弹鸟雀。一次，一位臣子声称有紧急国事求见，赵匡胤马上接见了他。赵匡胤一看奏章，不过是很平常的小事，就很是生气，责问他为什么要说谎。

臣子回答说："臣以为，再小的事也比弹鸟雀要紧。"赵匡胤怒用斧子柄击他的嘴，打落了他的两颗牙齿。臣子没有叫痛，只是慢慢俯下身，拾起牙齿置于怀中。

赵匡胤怒问道："你拾起牙齿放好，是想去告我？"臣子回答说："臣无权告陛下，自有史官会将今天的事记载下来。"

赵匡胤一听，顿然气消，知道他是个忠臣，命令赐赏他，以示褒（bāo）扬。

聆听家训

智术仁术不可无，权谋术数①不可有。盖智术仁术，善用之以归于正者也；权谋术数，曲用之以归于谲者②也。

——[明]姚舜牧《药言》

① 术数：权术，计谋。
② 谲（jué）者：诡诈的人。

一个人才智和仁爱不能没有，而权术和阴谋一定不可以有。因为才智、仁爱，善于使用就会成为正直的人；而权术、阴谋，不合理使用就会成为诡诈之人。

小叮咛

赵匡胤有智有仁，不玩弄阴谋，深明大义，教会身边的人懂得做人做事要光明正大。小朋友，"智术仁术不可无，权谋术数不可有"，要把聪明、才智和胆识用在正道上，涵养爱心，为人正直，决不能玩弄阴谋诡计，走歪门邪道。

42．表情达意要恰当

荀巨伯义举退敌

东汉时期，有个叫荀巨伯的人，他对朋友很有情义。有一天，他听说自己的一位老朋友生病了，便长途跋涉赶去探望。

友人非常感动，但也非常担忧。原来就在荀巨伯抵达不久，胡人又来攻城了。友人着急地告诉荀巨伯："我若事先知道你要来，肯定会阻止你。如今形势危急，你赶紧离开这里！"

荀巨伯问道："我走了你怎么办？"友人含着泪说道："我病入膏肓，反正命不久矣，你别管我，赶紧走，不然你也性命难保啊！"

"我决不走！"荀巨伯拒绝道，"我远道而来，就是为了探望你。现在遇到危险，我怎么能只顾个人安危而弃你不顾呢！""你别为了我犯傻，赶紧走啊……"友人着急地含泪劝道。

正在两人争执间，胡人破门而入。为首的胡人一见眼前的情景，诧异地问荀巨伯："我们攻破城池后，城里所有的人都跑光了，你是什么人，居然敢独自一人留下来受死？"

荀巨伯面无惧色，回答道："我朋友身患重病，我不忍心撇下他独自逃走。请你们别伤害他，我宁可用我的性命换我朋友一条命！"

友人感动得泪流满面，胡人听到这番话，个个瞠目结舌，眼里流露出对荀巨伯的敬意。为首的那名胡人感慨地说道："哎，我们是没有道义的人啊，现在却攻入了有道义的国家！"深受荀巨伯义举感召的胡人，班师而还，整座城池得以保全。

聆听家训

凡与人晋接①周旋，若无真意，则不足以感人。然徒②有真意而无文饰③以将之，则真意亦无所托之以出。

——[清]曾国藩《曾国藩家书》

①晋接：晋见，接见。

②徒：仅仅。

③文饰：文辞的修饰。

译文

凡是与别人见面往来，如果没有真诚的心意，就不能感动别人。但仅仅有真诚的心意，而没有文辞的修饰来表达自己的真诚，那么真情实意也没有办法表现出来。

小叮咛

"精诚所至，金石为开"，荀巨伯对朋友真心真意，又懂得用恰当的方式表情达意，既增进了与朋友的情谊，又感动了胡人，使之退兵。小朋友，人与人交往贵在真心、真诚，还要懂得恰当地表达。只有这样，双方才能交心，感情也才能日益增进。

43. 凡事要把握分寸

宋璟拒绝奉承

宋璟是唐朝四贤相之一，他博学多才、干练正直、刚正不阿。历史上流传着很多关于他的佳话。

宋璟担任宰相时，一次，他的一位堂叔倚仗着与宋璟的亲戚关系，想让吏部给他谋个好差事。这事让宋璟知晓后，他严正地对吏部官员说："选人任人是国家大事，决不能以权谋私，损害国家利益。我堂叔本来可以依照惯例授予他应得的官职，可是他如今竟然大言不惭，伸手要官，还是把他放回老家去吧！"

有一天，吏部主事转呈给宋璟一篇署名为"小人范知璿"的文章，并说："这位姓范的人很有学问，是个人才。"

宋璟是一位爱才惜才的人，他一听，自然十分高兴，迫不及待地拿起这篇文章读起来。

文章一开头条理顺畅，议论起来头头是道，见地不凡。宋璟一边读，一边不由得赞叹道："不错，真是不错！这个人应该得到重用啊！"

然而，读着读着，宋璟便皱起了眉头。原来，这个范知璿为了

岁寒三友青花瓷

巴结宋璟，在文章里对他大肆吹捧，极尽阿谀之能事。他奉承宋璟
才能远远超过古代的晏子、张良，远胜唐太宗时期的魏征、房玄龄，
还把天下描绘得一番升平景象……

　　宋璟越看越生气，喃喃地说道："这实在是太过分了，太过分了！"

　　读完，宋璟对恭立在一旁的吏部主事说道："范知璿这个人，
文章确实写得不错，颇有才华，但是此人品行不端，尽写些阿谀奉
承的话。如果像他这样，想通过巴结来升官，将来对国家、对社会
怎么会有好处呢？这种人，如果我把他提拔到身边，对我也没有益
处呀！麻烦你转告他，应该从国计民生，切切实实地提些建议，不
要再搞阿谀奉承之类的事了。"

　　可想而知，那位善于奉承的范知璿，因此没有得到重用。

凡事当留余地，得意不宜①再往。
人有喜庆，不可生妒忌心；人有祸患，
不可生喜幸②心。

①宜：适宜。
②幸：幸灾乐祸。

——[清]朱柏庐《朱子家训》

译文

做任何事都要留有余地，志得意满时应知足，不宜再进一步。他人有了喜庆的事情，不可以有妒忌之心；他人有了祸患，不可以有幸灾乐祸之心。

小叮咛

古人常说："物极必反，水满则溢。"做任何事情都要把握好分寸、留有余地。识人难，识己更难。宋璟能在称扬面前保持清醒的头脑，恰当地把握好分寸，是一件了不起的事情。小朋友，我们既要听取他人对我们的夸赞，也要接受别人对我们的批评，要懂得"忠言逆耳利于行"的道理哦！

44. 勿生嫉妒心

孙庞斗智

孙膑和庞涓曾经拜齐国隐士鬼谷子为师，一起学习兵法。后来，庞涓听说魏惠王招揽贤才，便想凭自己的能力去尝试一番。年长的孙膑则认为自己还没有学到老师兵法的精髓，便打算等学业精深后再做打算。

临走时，庞涓对孙膑说："师兄，等我下山有了一番作为，一定会向魏王引荐你！"

庞涓到了魏国后，果然得到了魏惠王的赏识，很快当上了魏国大将军。他带兵接连打了几场胜仗，使得魏惠王对他越来越信任，庞涓也越发得意扬扬。但他心里清楚，自己的才能远远比不上同门的孙膑，心中非常忌恨他。

为了能时刻监视孙膑，庞涓便制造借口，好言好语将孙膑请到了魏国。他假装盛情，并留孙膑住在自己的府上。不久，孙膑的才华得到了魏惠王的信任，并被委以副军师的职位，与庞涓共同执掌兵权。

这让庞涓非常不快，他想尽办法开始迫害孙膑，甚至伪造了孙膑私通齐国的信件。魏惠王信以为真，下旨剔了孙膑的两个膝盖骨，

还在他脸上刺下了"私通敌国"四个字。

孙膑受到了奇耻大辱，为了保全性命，只得人前装疯卖傻。直到有一天，齐国使臣来到大梁，孙膑以刑徒的身份暗地里求见，用言辞打动齐国使臣。齐国使臣认为孙膑是个难得的人才，就偷偷地把他带回了齐国。

后来，魏国攻打赵国，赵国向齐国求救。齐威王让田忌做主将，孙膑做军师。田忌听从了孙膑的意见，率领军队向大梁挺进，逼迫魏军离开邯郸（hán dān），就这样，魏军大败。

田忌赛马

十三年后，魏国和赵国联合起来攻打韩国，韩国向齐国紧急求救。齐王派田忌率领军队前去救援。庞涓知道这件事后，率领大军撤离韩国回到魏国。孙膑料到庞涓必定会经过马陵这个地方，于是他在马陵设下埋伏。当庞涓赶到时，齐国埋伏的士兵万箭齐发。魏军大乱，互不接应，一时损兵惨重。

庞涓自知无计可施，望着倒下的大军，知道自己大势已去，便拔剑自刎。临死前，他愤愤地说："我这一死，倒成就了孙膑这小子的名声！"齐军乘胜追击，把魏军彻底击溃，还俘虏了魏国太子申。孙膑因此名扬天下，世人皆传习他的兵法。

这场孙庞斗智，最终以孙膑的胜利而告终。

见人有得意事，便当生欢喜心；见人有失意事，便当生怜悯心。此皆自己实受用处。若夫①忌人之成，乐人之败，何②与人事？

——[清]爱新觉罗·玄烨《庭训格言》

①若夫：句首语气词，引起下文。
②何：怎么。

译文

看见别人有得意的事情，就应该为他高兴；看见别人有失意的事情，就应该对他心怀同情。这种心态对自己也有好处。如果一个人妒忌别人的成功，对别人的失败幸灾乐祸，那怎么能和别人一起共事呢？

小叮咛

庞涓嫉妒孙膑的才能，对他屡加迫害，最终自食恶果。小朋友，嫉妒是无知的表现，这种心理万万要不得啊！我们要想人所想，学会为别人的成功而高兴，替别人的失意而担忧，这样才能搞好人际关系，才能形成和谐友好的团队环境。

故事会

孔子不耻下问

春秋时期，大教育家孔子带着他的弟子周游列国，宣传他的学说和政治主张。有一次，他们一起来到莒（jǔ）国。快经过一个路口时，赶车的子路远远地发现一群孩子正在路中央嬉戏玩耍。他便在不远处大声喊着："请让一让，孩子们请让一让！马车来了！"

孩子们哄笑着一个个跑开了，只剩下一个孩子好像没听见似的，蹲在路中间玩着什么，挡住了他们的去路。子路只好停下马车，下车看看究竟是怎么回事。

孔子（宋·马远）

下车一看，原来这个孩子正在路当中堆碎石瓦片玩。子路十分生气，心想着：这是哪家的孩子，竟这般调皮贪玩！于是怒气冲冲地想要上前训斥一番。

孔子一看子路这架势，赶紧下车制止了他，并走上前去对那孩子说："孩子，你不该在路当中玩，挡住了来往的车辆。"

那孩子站起身，对孔子鞠了个躬，指着地上的一堆碎石说："老人家，您看这是什么？"

孔子凑近仔细看了看，原来是用碎石瓦片堆砌起来的一座城。他惊叹不已。

那孩子见孔子不言不语，就紧接着一本正经地问："老人家，这可是一座城池呢！您说，应该是城给车让路，还是车因城绕路呢？"

大教育家孔子哭笑不得，竟不知道如何回答。

杏坛图

小孩接着自豪地说："我的城池能抵御车马军兵呢！"

孔子问道："照你这么说，我的马车只能绕道而行了？"

小孩说："如今我的城门已经关了，你的马车怎么过得去？只能绕城而过啦！"

孔子觉得这个孩子很聪慧，从小就会动脑筋，就想认识他，便问道："你叫什么名字？今年几岁了？"

孩子落落大方地说："我叫项橐（tuó），今年七岁！"

孔子转身对他的学生说："项橐七岁有学问，他可以做我的老师啊！"

人之胜①似你，则敬重之，不可有傲忌
之心；人之不如你，则谦待之，不可有轻
贱之意。

①胜：胜过。

——[明]杨继盛《杨椒山家训》

译文

别人能力胜过你，就要敬重他，不可以有傲慢嫉妒之心；别人
能力不如你，就要谦虚地对待他，不可以有轻视作践之意。

小叮咛

孔子这样一位大教育家，都能在一个孩子面前放下身段，虚
心请教，为我们树立了榜样。小朋友，我们更应该谦虚待人，不可
有傲忌之心、轻视之意。要知道"谦虚使人进步，骄傲使人落后"，
一个人如果有谦虚精神，就会永不自满，就能学到新知识，认识新
事物，使自己不断前进。

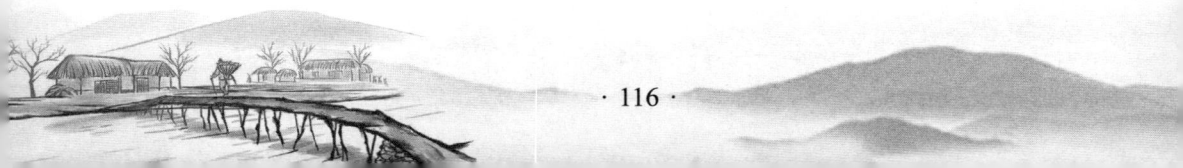

教人为善，莫听长恶；
劝念修身，勿行非法。

46. 以礼相待，恭敬无失

孔子授课

　　一天，孔子带着学生到鲁桓公的祠庙里参观，看到了一个可用来装水的器皿，倾斜地放在祠庙里。学生们觉得很奇怪，纷纷议论起来。

　　"这个器皿是用来干什么的？""这个器皿怎么斜着摆放？是不是没有人整理啊？"……大家七嘴八舌，最后也没讨论出结果来。

　　孔子便向守庙的人问道："请告诉我，这是什么器皿呢？"守庙的人告诉他："这叫欹（qī）器，是放在座位右边，用来警诫自己，像'座右铭'一般用来伴坐的器皿。"

　　孔子说："我听说这种用来装水伴坐的器皿，在没有装水或装水少时就会歪倒；水装得适中时就是端正的；水装得过多或装满了，它也会翻倒。"说着，孔子回过头来对学生们说："你们往里面倒水试试看吧！"学生们听后，觉得很不可思议，便急忙从外面舀来了水，一个个小心翼翼地往欹器里灌水。

　　果然，当水装得适中时，欹器就端端正正地摆放在那里。不一会儿，水灌满了，它就翻倒了，里面的水流了出来。再过了一会儿，

器皿里的水流尽了，它就倾斜了，又像原来一样歪斜在那里。

孔子长长地叹了一口气，说道："唉！世界上哪里会有太满而不倾覆翻倒的事物啊！"

学生们听了，都纷纷点头。"今天这一课，老师讲得真生动啊！"

聆听家训

君子提身①以礼，故恭而不劳；爱人以德，故敬而无失。
　　　　——［明］方弘静《方定之家训》

①提（tí）身：安身，修身。

译文

君子用礼仪来修身，因此对人恭敬谦逊却不觉得辛劳；用仁德来关爱他人，因此对待所做的事情严肃认真，没有过失。

小叮咛

文明礼仪是一个人道德品质的外在表现。无论对待什么样的人，都应该恭敬谦逊、以礼相待，切勿高高在上、盛气凌人。小朋友，在我们的生活中，对待父母，对待兄弟姐妹，对待亲戚朋友，对待老师同学，甚至对待一个陌生人，都需要恭而有礼。

47. 恭敬顺从，尊师重道

魏昭煮粥

东汉时期，有一个名叫魏昭的人，他为人谦虚，尊敬师长。

魏昭童年求学时，就遇到了郭林宗。郭林宗博览群书，熟读各家典籍，且为人彬彬有礼。魏昭经过一段时间的观察，觉得郭林宗是一位难得的好老师。于是，他便对其他人说："这世上有很多教念经书的老师，很容易请到。然而，要想请到一位能教人成为老师的人，那就不容易了。郭林宗先生就是这样一位好老师，我想成为他的学生。"

后来，魏昭找到郭宗林，拜他为师。在与老师的相处中，他发现老师体弱多病，于是就派了一名手脚勤快的婢女伺候他，还经常亲自照顾老师。

有一次，郭林宗身体不舒服，躺在床上说想喝粥。为了考验魏昭的诚心，他特意吩咐魏昭亲自去煮。魏昭一听，二话不说马上就去煮粥。

过了一会儿，他亲自把煮好的粥端到老师床边，恭恭敬敬地说："老师，请您喝粥。"

老师只略略尝了一口，怒声呵责道："这粥不合我胃口，再去

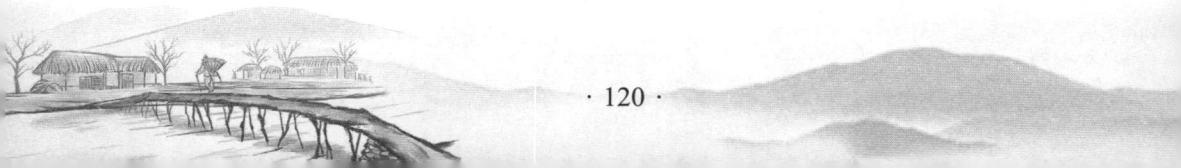

煮一次！"

魏昭毫无抱怨和不快，他二话不说，再次来到厨房，又煮了一碗新粥。

魏昭再次把粥恭恭敬敬端给老师。老师瞄了一眼粥，脸一黑，说道："煮得太稀薄了，再煮一次。"

第三次郭林宗还是不满意。第四次，魏昭还是毕恭毕敬、神色平静地端上煮好的粥。

郭林宗看到他认真的样子，笑着说："我以前只看到你恭恭敬敬地对待我，以为只是表面上对我尊敬。今天三番五次刁难你，你也不生气、不怨怒，终于让我感受到了你对我的真心。"

魏昭听到老师这样夸奖自己，连忙说："作为您的学生，这是我应该做的。"郭林宗听了频频点头。

此后，郭宗林把毕生所学全部教给了魏昭。魏昭虚心好学，最终成为一代名士。

聆听家训

凡为人，要识道理、识礼数。在家庭事①父母，入书院事先生，并要恭敬顺从，遵依教诲。与之言则应，教之事则行。毋得急慢，自任己意②。

——[宋]真德秀《真西山先生教子斋规》

①事：侍奉。
②自任己意：任由自己的想法。

但凡做人,要明辨是非道理,懂得礼数。在家中要孝顺奉养父母,进入书院后要侍奉老师,并且要恭敬顺从,听从教诲。长辈和你说话要应答,教你做事要践行,不可以懈怠轻慢、一意孤行。

██小叮咛██

魏昭敬爱老师,即使老师再三刁难,他仍然恭敬顺从,最终一颗可贵的真心得到了老师的认可。小朋友,做人要有真心,懂得礼数。在家,我们要爱父母、敬父母,帮助父母做一些力所能及的事情;在学校,我们要爱老师、敬老师,感谢老师对我们的悉心教导。

张良拜师

张良是汉朝的开国元勋之一，他从小就是一个尊老敬老的好孩子。有一天，他在桥上散步，遇见一位胡子全白、身穿粗布短衣的老人。老人一条腿搭在另一条腿上，脚尖勾着鞋子不停地晃动。

那老人一见张良，便故意把鞋子甩到桥下去了，并冲着张良嚷道："喂！你去桥下，把鞋子给我捡上来！"

张良听了一愣，可念在对方是年过花甲的长辈，应尊重他，就把鞋捡了上来，送到老人跟前。

谁料老人并没有打算接，而

圯上受书（选自《吴友如画宝》）

是把脚往前一伸，带着命令的口吻道："把鞋子给我穿上！"

张良很吃惊，但转而一想，既然已经给他捡来了鞋子，不如就给他穿上吧，于是就跪在地上替老人穿上了鞋。

老人笑了笑，慢慢地站起身，心满意足地走了。没走多远，那老人又折回身来，欣慰地对张良说："小伙子可以教导啊！五日后，天一亮我们在此会面！"张良虽感到很奇怪，但还是答应了老人的邀约。

第五天早晨，张良刚上桥，就看见老人已经站在桥上。老人生气地说："和长辈约会，怎么可以晚到？叫我一个老头子等你！五天后再来吧！"说完，拂袖而去。

又过了五天，这次鸡一叫，张良就起身前往桥上，没想到老人又比自己早到。张良只好认错。

老人瞪了他一眼，发怒道："你怎么又迟到了？一点都不尊重我这个老人家！五天后再来吧！"说完又扬长而去。

第三次约会，张良连觉也没敢睡，半夜就赶到桥上等候。没等多久，那老人就出现了。张良赶紧迎上前去，行了礼。

老人高兴地说："很好，年轻人就该信守诺言，才能成就大事！"然后，老人从怀中取出一卷兵书，说道："读了这本书，你就可以做帝王的老师，你拿回去好好学习吧！"

张良接过书，道了谢，对老人深深作揖。回家后打开一看，原来是《太公兵法》！张良如获至宝，此后，他专心研读兵法，反复学习、研究，最终成为汉高祖刘邦的军师。

爱及农商工贾，厮役①奴隶，钓鱼屠肉，饭牛牧羊，皆有先达②，可为师表，博学求之，无不利于事也。

——[南北朝]颜之推《颜氏家训》

①厮役：杂差。
②先达：有名声有专长的人。

译文

至于那些农夫、商贾、工匠、杂差、童仆、渔民、屠夫、喂牛的、牧羊的，他们中都有杰出之士，可以作为学习的榜样，广泛地向这些人学习，对事业的发展没有不利的。

小叮咛

小朋友，想必我们都知道对师长要谦卑有礼貌，但是如何做到谦卑有礼貌呢？你是否认真思考过？比如，不直呼其名，吃饭、落座等让长辈在先，不在长辈面前逞能，路遇长辈上前打招呼，长辈面前不大声嚷嚷，等等。

49.时刻保持谦卑的姿态

车夫吕成

晏婴像

晏婴是春秋时期齐国的宰相，是当时杰出的政治家、思想家、外交家。他虽然貌不出众，但是足智多谋、清廉公正，为齐国的昌盛立下了汗马功劳。

晏婴有一位车夫，名叫吕成。吕成长得高大威猛，魁梧雄壮，他自认为给宰相大人驾车，心里常常有一种优越感，处处觉得高人一等。

大家看他趾高气扬、目中无人的样子，都不愿搭理他。

一天，吕成回到家，看到妻子正忙着收拾衣物，好像准备要出门。吕成便问："你这是要去哪里呀？"

妻子气愤地说："我要与你离婚！"

吕成非常诧异，瞪大眼睛问："难道你是嫌弃我穷吗？"

妻子头也没抬，说："不是！"

吕成更加诧异，又问："难道是我不够威武吗？"

126

妻子继续忙着收拾她的衣物，说："也不是！"

吕成接着说："我虽然是个车夫，但我是替宰相大人赶车啊，不愁吃穿，这是多体面的工作啊！何况我又长得好，你为什么要离开我呢？"

妻子停下手中的活，抬起头，气愤地说："正是因为你的头抬得太高啦！"

原来，这天吕成驾着马车从家门口经过，妻子便偷偷从门缝里观看。她看到丞相晏婴上车，对周边的人以礼相待，神情和善，态度谦卑。再看看自己的丈夫，虽然只是一个车夫，却趾高气扬、傲慢自大，一副一人之下、万人之上的神态。

妻子说："晏大人虽身高不足六尺，却做了齐国的宰相；而你身高八尺，却只是一个车夫。晏大人虽贵为丞相，却谦虚谨慎，就连对待平民百姓，他也敬重有加；而你只是一个为晏大人赶车的车夫，却处处招摇过市，对人傲慢无礼，看不起这个、瞧不起那个。你若不把高傲的头低下一寸，估计你的死期也不远啦！与其将来陪你上刑场，不如现在早点分开，还能保全我的性命！"

吕成一听，惊出一身冷汗。自此，他就像变了一个人似的，不仅工作兢兢业业，而且谦逊谨慎，待人以礼。赶车时，头也不抬那么高了，就连说话声音也低了许多。

晏婴发现了吕成的变化，便询问其缘由。得知真相后，晏婴对吕成刮目相看。经过一段时间的考察，晏婴觉得吕成的品德和才能足够独当一面，便推举吕成做了大夫。

知有己不知有人，闻人过不闻己过，此祸本①也。

①本：根源。

——[明]吴麟征《家诫要言》

■■译文■■

光知道自己却不知道别人（比自己强），只听到人家的过错却听不到自己的过错，这是祸患产生的根源。

■■小叮咛■■

低头并不是承认自己不如别人，而是一种不卑不亢的姿态。车夫吕成听了妻子的话改正了自己的错误，最后得到了他人的赏识。小朋友，或许你非常出类拔萃，但不要忘记人外有人、天外有天，保持谦卑的态度，踏踏实实地做事，才是处世之道。

50. 懂得吃亏是福

甄宇分羊

东汉时期，有个在朝官吏叫甄（zhēn）宇，他学识渊博，为人忠厚老实，遇事谦恭礼让。

有一年年底，皇帝下诏赐给每位大臣一只活羊。可当一大群羊被赶过来时，众大臣却犯起了难：这些大小不一、肥瘦不同的羊，该怎样分配才公平呢？

由于没人能做主，大臣们只好开会商议。有人提议把羊宰杀后分肉，肥瘦搭配，每人一份就公平了；有人觉得那样做太麻烦，不如众人抓阄（jiū），分到什么羊全凭运气；可有人又觉得抓阄显得不够大度，有辱身份……

大家七嘴八舌讨论了半天，也没商量出个办法。这时，一向沉默寡言的甄宇站出来说："大家不必争吵了，依我看，还是每人各牵走一只吧，我先来。"说完，他就向羊群走去。

众大臣怀疑地看着甄宇，心里直犯嘀咕：这个人一定会挑只最大最肥的羊吧？这样下去，最后牵羊的人就吃亏了。可出乎大臣们意料的是，甄宇在羊群中瞅了半天，最后却牵着一只又瘦又小的羊走了。

见此情形，一些大臣也效仿甄宇，牵只小羊就走了。剩下的大臣再也不好意思计较，互相谦让一番后，也都随意牵一只羊回家了。就这样，复杂的问题解决了。

此事很快流传开来，甄宇获得了满朝文武的赞赏。他本人听说后，笑着说："原来赢得他人的敬重如此简单。"最后传到光武帝耳中，光武帝对甄宇赞赏有加。后来在群臣的推荐下，甄宇得到了朝廷的重用。

❋聆听家训❋

大凡人要吃得亏。吃得亏，便是得便宜。若不肯吃亏，纵使在我理直，也不足服人心，也不免招灾惹祸。

——[清]纪大奎《敬义堂家训》

❋译文❋

做人要懂得吃亏。吃得了亏，就是得到了便宜。如果不肯吃亏，即使我有理，也不能够让他人信服，免不了要招惹灾祸。

❋小叮咛❋

"瘦羊博士"甄宇礼让同僚，牵了最瘦小的羊，虽是吃亏了，但这一做法赢得了世人的称赞和赏识，可以说是吃亏得福。相反，一个处处想占别人便宜的人，谁愿意与他打交道呢？小朋友，吃亏是福，遇事决不能斤斤计较。

51. 善爱其身，不忘初心

不为五斗米折腰

陶渊明是东晋时期著名的诗人，是浔阳柴桑（今江西九江）人。41岁那年，陶渊明在彭泽县当县令，每个月领着大概五斗米的官俸。

有一天下午，陶渊明办完公事后，刚换上平时穿的便衣，坐在那里翻看着曾经的诗作。突然，有一位小吏急匆匆地跑进来说："老爷，老爷，张大人现在要过来巡察了，请赶紧换回官服去迎接吧！"

陶渊明问："是哪个张大人？为什么非要我穿上官服呢？"小吏立马解释说："那个张大人是我们县的一个大富豪，他向来都特别讲究各种排场。现在他又成了李太守的亲信。如果我们在礼数上稍有不妥，那可能对您前程大有影响。"

陶渊明生性耿直、直爽大方，虽然他也是一名官员，但他骨子里痛恨

陶渊明

柳荫高士（宋·王诜）

官场中的腐败黑暗，一直都很想离开这个是非之地。当他听说这个张大人是本县城里的富豪，靠溜须拍马得到了太守的宠爱，如今还要让自己亲自去迎接他，心里不屑至极。他不想随波逐流，他要坚持自己的立场。

想到这些，陶渊明又无奈又气愤，他不禁叹了口气，气呼呼地说："我不可能因为这五斗米的官俸，就去向一个非常无能又无品的人点头哈腰。"说完，他就决定不再继续当这个县令，便开始收拾自己的行李，归隐而去了。

就这样，陶渊明没有为了这五斗米的官俸去向这些小人贿赂献殷勤。这个故事也广为世人传诵，直至今日，依然激励着世人做人做事要有风骨。

人之身不越乎百年，善爱其身者，能使百年为千载；不善爱其身者，忽焉①如蚊蚋②之处乎盎缶③之间。

——[明]方孝孺《宗仪》

① 忽焉：快速的样子。
② 蚊蚋(ruì)：蚊子。
③ 盎缶：古代一种敛口大腹的盆。

译文

人的一生不会超过百年，善于爱护珍惜自己的人，就会努力作为，流芳千年；不善于爱护珍惜自身的人，他们就会像蚊子之类的小飞虫，在污水坛罐之间追腥逐臭，度过短暂的一生。

小叮咛

陶渊明善爱其身，立场坚定，不为五斗米折腰。小朋友，在为人处世中，我们也要学会爱惜自己，不忘初心，坚持立场，竭尽自己所能，用心生活，奋发图强。千万别学蚊蚋恍然度日，而应用自己的力量发光发热，为社会做出贡献。

52. 小恶勿为，小善勿不为

顾荣赠肉

顾荣，字彦先，是吴郡吴县（今江苏苏州）人。他是西晋末年的大臣、名士，也是拥护司马氏政权南渡的江南士族领袖。他的祖父是东吴的丞相顾雍，为人豁达飘逸，很有士人风范。

顾荣在洛阳时，曾经有人邀请他去赴宴。顾荣来到主人家，这时主人家已门庭若市，宴席上摆满了各色山珍海味，大家有说有笑，欢快地享受着眼前的美食。

这时，顾荣无意中瞥见一位下人正在一旁负责为大家烤肉，他动作熟练地翻烤着肉，眼神里流露出对肉垂涎（xián）已久的表情。顾荣可怜这个年轻人，心想：他也是父母生的人，为什么只能看着我们吃，自己却吃不上一丁点儿？

于是，顾荣慷慨地拿起自己的那份烤肉，走过去递给那人，说："快吃了吧！"下人犹豫了一下，看看顾荣，又看看其他人，知道对方并非是在捉弄自己，便一脸感激地接下烤肉，狼吞虎咽地吃了起来。

这时，同席的人都耻笑顾荣有失身份，竟然顾及一个下人的感受，还把自己的烤肉给他吃。顾荣却笑了笑，说："贫贱富贵本来

就不是自己能够决定的事。一个人每天都烤着喷香的肉，怎么能让他连烤肉的滋味都尝不到呢？"

几年后，西晋遭遇"八王之乱"，顾荣不得不一路逃难。逃难途中，他遇到一个壮汉，每当有危难时，这个壮汉总是不顾一切地保护他。顾荣很感激，问他为什么这样做。那人告诉顾荣，原来他就是当年受顾荣赠肉的那个下人。

顾荣以自己的一个小善举，赢得了他人的涌泉相报。

聆听家训

勿以①恶小而为之，勿以善小而不为。惟②德惟贤，能服于人。

——[三国]刘备《敕后主辞》

①以：认为，以为。
②惟：只有。

译文

不要认为坏事很小就去做，不要认为好事很小就不去做。只有贤明、品德高尚，才能使人信服。

小叮咛

善良的秉性真的是难能可贵。小朋友，我们应该明辨是非，懂得判断好坏；做一个善良的人，行善良的事，去除恶念，不做恶事；懂得善事愈小，愈能彰显人的高尚情操，小恶累积则会酿成恶果。"勿以恶小而为之，勿以善小而不为"，希望你能谨记。

53. 学会以德报怨

窦燕山，有义方

窦（dòu）燕山本名窦禹钧，是五代时期人。他心地善良，教子有方，广受人们的称赞。

窦燕山教子图（清·任薰）

窦家有个仆人，盗用了主人的钱，他担心事发，就写了一张"永卖此女，偿所负钱"的债券，系在12岁女儿的胳膊上，自己远逃他乡。

窦燕山知晓后，很可怜这个孤苦无依的孩子。他毫不犹豫地撕毁了债券，收养了仆人的女儿，并嘱咐妻子："好好抚养她长大，到时给她找个好人家。"

女孩成年以后，窦燕山替她备了嫁妆，为她选了一位非常贤德的夫君。那位仆人听到这件事后非常感动，就从外地回来，到窦燕山面前哭着忏悔自己以前的过错。窦燕山不仅没追究往事，还劝他浪子回头，重新做人。

窦燕山一生做了很多好事，而且以身作则，治家严格。严格的家教培养出孩子杰出的品德和才能，窦家五个儿子都登科及第，踏入仕途：长子窦仪，授翰林学士，曾任礼部尚书；次子窦俨，授翰林学士，任礼部侍郎；三子窦侃，任左补阙；四子窦偁（chēng），任谏议大夫；五子窦僖（xī），任起居郎。当时人们称他们为"窦氏五龙"。

聆听家训

教人为善，莫听①长②恶；劝念修身，勿行非法。	①听：听凭，任凭。 ②长（zhǎng）：滋长。

——[唐]杜正伦《百行章》

译文

教导人要做善事，不能任凭罪恶滋长；劝告人要修养身心，不能做不合法的事。

小叮咛

窦燕山一生做了无数好事、善事，并且家教严格，培养出了德才兼备的"窦氏五龙"。其实，做一件善事并不难，难的是一辈子做好事、行善积德。小朋友，请牢记"教人为善""劝念修身"，尝试多做好事，多行善举，你能付诸行动吗？

54.人有急难应施以援手

一封信的奥秘

　　明末名将熊廷弼(bì)，曾经在江南主持科考。苏州的冯梦龙就出自他的门下。

　　冯梦龙平日喜欢写一些游戏文章，卖给街坊糊口。有的年轻人读了冯梦龙的书，痴迷赌博，输得倾家荡产。那些年轻人的父兄认为冯梦龙是教唆者，联名将冯梦龙告到官府。冯梦龙深陷纠缠不清的官司，很长时间都无法平息，这让他睡不好觉，吃不好饭，整天忧心忡忡。

　　正在这个时候，老师熊廷弼回家乡休息一段时间，冯梦龙一听说这个消息，立刻坐船赶到老师家里，想求老师帮助他解决这些事。见面后，熊廷弼简单招待了冯梦龙，言语冷淡，只说道："我有一封信，你回时顺道帮我带给一位老友吧！"他对冯梦龙请求帮忙的事情只字不提。冯梦龙以为老师不肯帮他，失落极了，便登船离去。

　　几天后，冯梦龙将信送到了熊廷弼老友家中。主人亲自出来迎接，并在家里设宴盛情款待了冯梦龙。临别时，主人向冯梦龙深深一揖，说："今日先生能降临寒舍，我真是三生有幸啊！我备了一份薄礼，希望先生不要推辞。"他还命人护送冯梦龙到船上。

冯梦龙婉谢而别，到了船上才知道，主人送给他的是三百两银子。回到家中，他奇怪地发现，控告他的所有诉状全都撤回了。

原来，老师熊廷弼知道冯梦龙家里并不宽裕，平时生活也很艰难，这次来拜访他时旅费也不足，所以就假借送信之名，在信中叫老友暗中资助冯梦龙。至于那些攻击冯梦龙的家长，熊廷弼则亲自写了一封信为他解释清楚。

冯梦龙得知事情的来龙去脉，这才知晓老师的良苦用心。

聆听家训

> 己有能，勿自私；人所能，勿轻訾①。
> ——[清]李毓秀《弟子规》

① 訾(zǐ)：说人坏话，诋毁。

译文

自己有才能和本事，不要自私自利、舍不得付出；别人有才能和本事，不要因为嫉妒而诋毁别人，应当学会欣赏。

小叮咛

熊廷弼面对寻求自己帮助的学生冯梦龙，虽语言看似冷淡，但是他深知自己学生的为人，默默施以援手，帮助冯梦龙破解困局，这是真正意义上的"仁"。小朋友，当我们身边的人遇到急事或困难需要我们帮助时，我们也要竭尽所能施以援手。

55. 己所不欲，勿施于人

狄仁杰的风度

狄仁杰像

武则天称帝后，对反对她统治的人进行了无情的镇压。但她又求贤若渴，广罗天下人才。她常常派人到各地去物色，只要发现谁有才能，不论门第出身、资格深浅，她都委以重任。在武则天的手下，涌现出了一大批能臣，其中最出名的当数狄仁杰了。

狄仁杰当豫州刺史时，严明执法，公正待下，深受当地百姓的称颂。武则天听说他的才能后，就将他调到京城，委以宰相的重任，十分器重他。

有一次，武则天对狄仁杰说："虽然你政绩突出，名声不错，但仍有不少同僚在我面前揭你的短。你想知道这些人是谁吗？"

狄仁杰说："臣本不才。别人说我的不是，批评、指责我，正是对我的监督和爱护啊！"

武则天疑惑地问："你难道对你的政敌丝毫不在意？"

狄仁杰回答道："如果陛下也认为我做得不对，我愿意承担过失并加以改正；如果陛下明察，认为我做得对，不愿相信那些流言蜚语，那是臣的荣幸啊！既然如此，臣又何必知道他们的姓名呢？"

武则天听后，大为赞赏，认为狄仁杰确实是个有风度、有气量的大臣。

聆听家训

将加①人，先问己；己不欲，即速已②。

——[清]李毓秀《弟子规》

①加：施加。
②已：停止。

译文

将要施加给别人的，要先问问自己想不想要；如果连自己都不想要，那就应该立即停止。

小叮咛

孔子说："己所不欲，勿施于人。"狄仁杰就是这样一位有风度、有气量的人。小朋友，如果多站在别人的角度和立场思考问题，就会少一些矛盾与怨恨。所以，在生活中，我们要多为他人着想，不能自私自利。

56. 谦虚礼让，不盛气凌人

管鲍分金

春秋时期，有两位政治家，一个名叫管仲，一个名叫鲍叔牙。未从政前，他们俩曾一度合伙做生意。

据说有一天，他们来到一个名叫管镇的地方，碰巧看到了路边有一根闪闪发光的金条，但是他俩谁也不肯捡起，心想：如果这根金条的主人回来寻找，找不到该多么着急啊！他俩决定寸步不离地守着金条。

可是，等啊等啊，直到太阳下山了，也没有人前来认领。没有办法，他们只好让家丁在旁边看守，等着主人前来，他们俩到附近的村庄住下了。

家丁见主人已经离开，又等了一会儿，还是无人来认领，便暗暗思忖着："守了一天了，也不见有人来认领，干脆拿走吧。"他刚要伸手弯腰去拿金条，忽然金条消失了，抬头看见一条赤蛇向他扑来，吓得他连喊："救命啊，救命啊！"

一位农夫恰好路过这儿，听到救命的声音，赶忙循声而来，挥动锄头把赤蛇劈成了两截。家丁很害怕，一下子跑得不见踪影。

第二天，管仲、鲍叔牙又来到路边，家丁不见了，黄金也断了，他们感到很诧异。路边的一位农夫知道了，说："这根黄金也没有人来认领，你们俩何不分了拿走？"

鲍叔牙想到管仲家里贫穷，又有年迈的老母亲要奉养，于是把长的一截递给他，自己留了短的一截，但是管仲坚决不受。于是，他们想了一个办法，把黄金赠送给了附近两个村庄的农民。

后人为了纪念管仲、鲍叔牙二人，便把这两个村取名叫"管公店"和"鲍家集"，还建了一个管鲍分金亭。

聆听家训

| 凡事谦恭，不得尚气凌人①，自取耻辱。 | ①尚气凌人：即"盛气凌人"。 |

——[宋]朱熹《朱子训子帖》

译文

做任何事情都要谦让恭敬，不能以骄横傲慢的气势欺凌他人，为自己招来侮辱。

小叮咛

谦让是一种美，它是为人处世的润滑油，也是战胜挫折的推进器。管仲和鲍叔牙把黄金让给了当地的老百姓，赢得了世世代代的尊重。小朋友，你是否也能在与同学、朋友相处时做到谦虚礼让，不盛气凌人呢？

57. 积小善成大善

葛繁日行一善

葛繁是北宋时期人，曾任镇江太守。他每天坚持做善事，数十年如一日，受到当地百姓的赞颂。

据说在宋徽宗大观年间，有个读书人一日梦到亡父，父亲教导他说："你做人要学葛繁。"读书人问葛繁是谁，父亲回答："他是镇江太守。"醒来后，读书人便收拾行装，特地前去镇江拜见葛繁。他说明来意后，恭恭敬敬地问道："为何人人对你如此敬重，连我亡父都叫我来向您学习？您能告诉我吗？"

葛繁很谦虚，只说道："也没什么特别的，我只是每天行善事罢了，有时候一天做四五件，有时候一天做一二十件。到现在为止，四十年了，没有一天是不做善事的，我觉得这样才过得很有意义。"

读书人又问道："那要怎么来做善事呢？"

葛繁就指着踏脚凳说："比如这里有条踏脚凳，摆不正就会妨碍人走路，我就弯腰把它摆正；如果看见有人渴了，我就给他倒杯水；如果看到地上有坑洼，我便拿土来填平它，以免有人摔跤。这

些看似微不足道的事情，都可以帮到他人。不管你是尊贵的朝廷大臣，还是贫穷落魄的乞丐，都可以去这样做。关键在于不能有所松懈，要持之以恒，每天都去做，长此以往，自然会在无形中受益！"

读书人点点头，受教而去。他谨记葛繁的教诲，每到一个地方就广为宣传，而他自己也确实按照葛繁的话去做了，日行一善，广做好事。

聆听家训

善须是积①，今日积，明日积，积小便大。

①积：积蓄，积累。

——[明]高攀龙《高氏家训》

译文

善德需要靠日积月累，今天积累一点，明天又积累一点，就能把小善积累成大善。

小叮咛

什么是"善"？同学忘了带笔，你借给他，即是一善；有人不舒服，你安慰他，也是一善……积小善才能成大善。小朋友，我们要知善、懂善、行善，积善成德并不难，但也不是一朝一夕的事情，需要我们慢慢磨炼，点滴积累。

58.淑人君子，乐善好施

穷秀才沈道虔

沈道虔是东晋末年吴兴郡武康县（现浙江湖州）人，当时战火不断，沈道虔一家因为战乱和饥荒，只好搬到县南没有人住的地方。沈道虔为人宽和善良，他的兄长们都在战乱中去世了，留下的儿女没有人照看，沈道虔就把侄儿侄女都接到家中抚养。

虽然家里穷、人又多，生计十分困难，但沈道虔仍坚持将侄儿侄女抚养成人。寒冬腊月，他身上的衣服都还很单薄。他的老师看不过去，就送给他衣服和钱。但沈道虔回家就把衣服和钱全部分给了侄儿侄女。即便遇到再大的困难，他都不改初衷，爱护家人，共渡难关，同乡人看到都非常感动。

沈道虔为人十分善良。有一次，有人到他们家的菜园偷菜，正好沈道虔回家，远远看到，就连忙躲了起来，静静地等小偷拿够了菜离开，他才出来继续往家走，仿佛什么都没有发生似的。

还有一次，有人到他们家的后院拔竹笋，他制止说："眼看这竹林就快要成林了，你拔了竹笋，竹子就成不了林了。等我有了更好的竹笋再送给您,好吗？"接着他买了大大的竹笋,送给那位乡民。

沈道虔家境贫寒，常常靠捡稻穗维持生活。一同拾穗的人为了

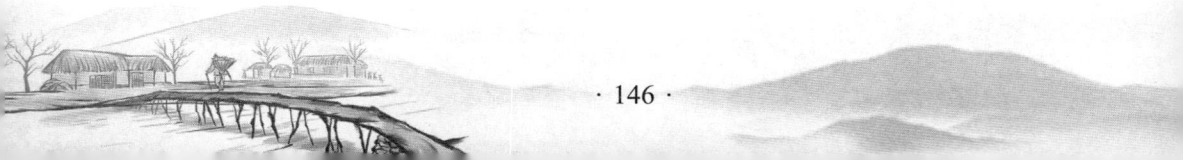

争夺稻穗而吵闹，他劝解不住，便把自己拾得的稻穗全部分给他们。沈道虔的行为让争穗的人十分惭愧，就再也不争抢了。

此后，就算同乡们和别人争东西抑或争道理，他们都会说："千万不要让沈先生知道啊！"

穷秀才沈道虔一生清苦，拖家带口；为人乐善好施却不以为意，没有什么得失心。他恭敬礼让、孝悌忠信、与人为善的言传身教，让人终身受益。

聆听家训

> 为善而心不著①善，则随②所成就，皆得圆满。
>
> ——[明]袁黄《了凡四训》

① 著：显露。
② 随：听任，任随。

译文

做善事但心中并不以为自己在行善，不是有意而为，而是出于天性自然，那么不管做成什么善事，都是圆满的。

小叮咛

善良是一朵盛开的花，芬芳迷人；是一首动人的曲，美妙动听。沈道虔抚养侄儿侄女，劝解乡民，教化孩童，为人乐善好施却不以为然，真可谓淑人君子啊！小朋友，小小的善能给人带去无尽的温暖。心存善念，与人为善，人际关系会变得更和谐。

59.培养谦谨温良的性情

于右任清誉满天下

于右任是我国近代书法家，被誉为"当代草圣""近代书圣"，是民国四大书法家之一。

于右任从小家境贫寒，生母在他两岁时不幸病逝。当时父亲在四川打工，只能由二伯母房氏代为抚养。于右任6岁进入私塾学习，自此，伯母每夜都会督促他读书到三更，偶尔做不到或听到他在学校里不认真读书，就会惩罚他。每年清明节，伯母都会带着他回乡扫墓。于右任每当看到伯母在墓前哭着告诉亡母他的近况，都会很悲痛，读书不敢不勤奋。

父亲也对他寄予厚望，时不时从外地抄些书文寄回，回乡后还以身示范。于右任白天上学，晚间回家温习，父子俩常一起读书至深夜。于右任的刻苦用功，让他16岁就以第一名考取了秀才，随后在陕西各书院游学。19岁参加岁试，他再次取得第一名，被誉为"西北奇才"。

于右任作品之多，当代无双。由于求他写字的人很多，他每天常常要写三四十张纸，虽然极其劳累，他却乐此不疲。于右任写字

没有什么特别的习惯，唯一特别之处，就是不用墨汁写字，必须现磨现写，而且一定要用开水磨墨。每次写到痛快处，他就大声呼喊家仆"取墨来"。

于右任先生虽已去世 50 多年，其学生及门人至今遍布海内外，真可谓清誉满天下。

聆听家训

凡礼义之家，内而雍和①肃穆，少长有序；外而谦谨温良②，应务得宜。久之而德行孚③于乡，名望尊于众，祸患之来，或能免矣。

——[清] 张习孔《张黄岳家训》

① 雍和：和谐，和睦。
② 温良：温和善良。
③ 孚：信服，信任。

译文

凡是讲究礼仪道德的人家，对内和睦恭敬，长幼有序；对外谦和谨慎、温和善良，处理事务得当。久而久之，他们的品德行为就会被乡里人信服，名誉声望被众人尊重，即使祸患来了，或许也能免除。

小叮咛

于右任对内"雍和肃穆"，对外"谦谨温良"，懂得"应务得宜"的道理，这种性情和品质值得我们学习。小朋友，我们也要见贤思齐，培养谦谨温良的性情，礼貌待人，与人和睦相处。

60. 别人的忌讳勿提及

朱元璋与他的朋友

朱元璋是明朝的开国皇帝，但他出身低微，幼年时家境贫穷。当别的孩童背起书包上学时，他只能靠给富人家放牛维持生计。后来，一场突如其来的瘟疫，夺走了他父母、哥哥的生命，不得已，他只得到皇觉寺当了和尚。

这时候，社会动荡，农民起义爆发。朱元璋在朋友的邀请下，加入了起义队伍。很快，他便展现出不凡的军事才能，先后打败了陈友谅、张士诚和元朝统治者，建立了明朝。

一天，他幼时的一个玩伴上京探望他，一见朱元璋，便说道："圣上，我们小时候替人家放牛，有一天在芦花荡里，把偷来的黄豆放在瓦罐里煮。还没煮熟大家就抢着吃，结果瓦罐打破了，黄豆汤洒了一地，而你只顾着满地抓黄豆吃……"

没等他把话说完，朱元璋就不耐烦了，生气地说："哪来的疯子，快轰出去！"

几天后，又有一位家乡旧友来拜见朱元璋，说："圣上，当年微臣随驾扫荡芦州府，攻破罐州城，汤元帅在逃，您派遣叉将军，将他撵得满山乱窜，还活捉了豆小子那伙强盗，一个个将他们消灭

干净。这几十年来，圣上南征北战，音信不通，今闻您做了皇帝，小弟特来恭贺。"

朱元璋一听，眉开眼笑，为他巧妙暗示幼时一起玩耍的事高兴，说道："念你当初作战有功，封你为御林军总管。"说完，又吩咐太监设宴款待。

聆听家训

交疏①造次，一座百犯，闻者辛苦，无憀赖②焉。

——[南北朝]颜之推《颜氏家训》

①交疏：交往疏远。
②无憀（liáo）赖：
无所依从。

译文

大家在一起时，交往疏远的人一时仓促，讲话时很容易触犯众人的忌讳，听到的人感到伤心，往往无所适从。

小叮咛

小朋友，从朱元璋对待两个朋友看来，我们说话做事时一定要懂得巧妙婉转，尤其不要去触碰别人的忌讳之处，免得交往中四处碰壁。

附录：

家训档案

序号	朝代	作者介绍	作品介绍
1	春秋	孔子（前551—前479），名丘，字仲尼，鲁国陬邑（今山东曲阜东南）人，春秋末期思想家、政治家、教育家，儒家学派创始人。	《孝经》相传为孔子所作，以孝为中心，比较集中地阐述了儒家的伦理思想，指出孝是诸德之本，主张把"孝"贯穿于人的一切行为中。
2	战国	孟子（约前372—前289），名轲，字子舆，邹（今山东邹城东南）人，战国思想家、政治家、教育家。	《孟子》是记载孟子及其弟子政治、教育、哲学、伦理等思想观点和政治活动的书，由孟子及其弟子所著。
3	三国	刘备（161—223），字玄德，涿郡涿县（今河北涿州）人，三国时蜀汉建立者，221—223年在位。	《敕后主辞》是刘备去世前留给儿子刘禅的遗诏，强调要把品德放在自修和育人的第一位。
4	南北朝	颜之推（531—约590后），字介，琅邪临沂（今属山东）人，北齐文学家。	《颜氏家训》分序致、教子、兄弟、治家、风操等20篇，以儒家经典为据，强调封建道德伦理规范。
5	唐代	李世民（599—649），即唐太宗，626—649年在位。唐高祖李渊次子。	《帝范》共12篇，是唐太宗为教导太子李治而作，讲述持身治国之道。
6	唐代	杜正伦（？—约659），相州洹水（今河南安阳）人，唐朝宰相。	《百行章》按品行立章，每章阐述一项品行，涉及恭、勤、俭、贞、信、义、廉等品行，核心是灌输儒家伦理价值观。

序号	朝代	作者介绍	作品介绍
7	宋代	梁焘（1034—1097），字况之，郓（yùn）州须城（今山东东平）人。曾任尚书左丞。	《家庭谈训》见于宋刘清之《戒子通录》卷六，强调"修性正在临事时"，强调"忍""和""恕"等品质。
8	宋代	李邦献（生卒年不详），字士举，怀州（今河南沁阳）人，北宋末年"浪子宰相"李邦彦的弟弟。	《省心杂言》又称《省心录》，以格言形式论述人生哲理，大致是讲如何修身治家，入世为官后如何自律、防微杜渐等。
9	宋代	朱熹（1130—1200），字元晦，一字仲晦，号晦庵，别称紫阳，祖籍徽州婺源（今属江西），生于南剑州尤溪（今属福建），南宋哲学家、教育家。	《朱熹家训》强调作者关于做人的准则：仁、义、礼、智、信，倡导家庭和睦、人际和谐、重德修身。《朱子训子帖》又名《与长子受之》，是朱熹写给长子朱塾（字受之）的家书合编。其中有勤勉向师长学习、分辨益友与损友、遇事谨言慎语的建议。
10	宋代	真德秀（1178—1235），字实夫，后更字景元、希元，号西山，世称西山先生，建州浦城（今属福建）人。	《真西山先生教子斋规》是关于儿童早期教育的家训著作，以如何读书、做人为中心，从礼、坐、行、立、言、揖、诵、书八个方面，对儿童学习、生活的言行举止提出明确要求。
11	明代	方孝孺（1357—1402），字希直，又字希古，号逊志，宁海（今属浙江）人，明代学者。人称正学先生。	《宗仪》是方孝孺专为族人制订的诫语和族规，有《尊祖》《重谱》《睦族》《广睦》《奉终》《务学》《谨行》《修德》《体仁》9篇。

序号	朝代	作者介绍	作品介绍
12	明代	仁孝皇后徐氏（1362—1407），明成祖朱棣嫡后，濠州人，大将军徐达之女，以"贤明博学"著称。	《内训》共20篇，涉及德性、修身、慎言、谨行等诸多方面，体现了对女性独立自主精神的倡导，对女性自我价值的肯定。
13	明代	王澈（1473—1551），字子明，号东厓，永嘉（今浙江温州）人。	《王氏族约》强调家族成员要敦宗睦族，重视子弟处世、为官、勤俭持家、修身为善的训诫，强调家族、家族成员与国家的关系及家庭治理与婚嫁要义等。
14	明代	张永明（1499—1566），字钟诚，号临溪，谥庄僖，乌程（今浙江吴兴）人。	《张庄僖家训》以内训和外训总论女子和男子修身立言的准则，再分孝父母、宜兄弟、择交与、睦宗族等12节进一步阐释。
15	明代	葛守礼（1505—1578），字与立，号与川，谥端肃，端平（今属山东）人。	《葛端肃公家训》又名《视履家训》《葛氏家训》，写于葛守礼致仕后，主要谈为官从政经验。
16	明代	宋诩（生卒年不详），字久夫，松江华亭（今属上海）人。生活在明朝中期，生平事迹不详。	《宋氏家仪部》旨在为家庭制订合乎日用常行的礼节次序，涵盖事亲仪、事先仪、居常仪、待宾仪等等。
17	明代	杨继盛(1516—1555)，字仲芳，号椒山，容城（今属河北保定）人，嘉靖年间进士。	《杨椒山家训》是杨继盛在狱中写给妻儿的遗嘱，分为两部分：第一部分告诫妻子珍惜生命，好好教导儿女；第二部分是向儿子训谕如何为人处世、为官治家。

序号	朝代	作者介绍	作品介绍
18	明代	方弘静（1517—1611），字定之，号采山，新安（今属安徽）人。	《方定之家训》又名《燕贻法录》，以教导子弟读书、做人、治家的道理为主，指出要清廉节俭、行善除恶、耕读传家、安贫乐道。
19	明代	王祖嫡（1531—1592），字胤昌，号师竹，信阳（今属河南）人。	《家庭庸言》共29篇，涉及家庭生活各方面，主要以儒家仁义忠孝为旨要，教导子孙不泯良心、不弃忠信。
20	明代	袁黄（1533—1606），字坤仪，号学海，后改了凡，浙江嘉善人。崇尚程朱理学。	《了凡四训》是一部具有劝善书性质的家训著作，由"立命""改过""积善""谦德"四个部分，分别来自作者不同年龄阶段的不同著作。《训儿俗说》包括立志、敦伦、事师、处众等，阐述了做人、治家的基本规范。
21	明代	吕坤（1536—1618），字叔简，一字心吾或新吾，宁陵（今属河南）人，明代学者。	《孝睦房训辞》又名《吕氏家训》，从传家、兴家、安家等方面说明持家要遵循的原则，鞭挞败家子的不肖行为。
22	明代	姚舜牧（1543—1622），字虞佐，号承庵，乌程（今浙江湖州）人，万历元年（1573）举人。	《药言》共128条，是作者训示后人之作，主要源于他的人生经验与心得体会，内容包括治家、教子、处世、择业等方面。
23	明代	高攀龙（1562—1626），初字云从，更字存之，世称"景逸先生"，江苏无锡人。"东林八君子"之一。	《高氏家训》是高攀龙的人生经验总结，强调做人的重要性，要做一个"以孝悌为本，以忠义为主，以廉洁为先，以诚实为要"的人，为人要谨言慎行。

序号	朝代	作者介绍	作品介绍
24	明代	吴桂森（1565—1632），字叔美，江苏无锡人，明代经学家。	《训子》是吴桂森写给其子的训诫，旨在教导儿子为人处世的道理。
25	明代	吴麟征（1593—1644），字圣生，号磊斋，谥忠节，海盐（今属浙江）人。	《家诫要言》是吴麟征居官时写给子弟的家书，由其子摘其要语辑成，故称"要言"。全书共73条，前半部分论述修身立志、交友求学等内容，后半部分多亡国前夕悲苦之音。
26	明代	屠羲时（生卒年不详），明代安徽宣城人，曾任浙江提学副使，余者不详。	《童子礼》是对儿童言行举止的规范，作者提出"检束身心之礼""入事父兄、出事师尊、通行之礼""书堂肄业之礼"三方面的要求。
27	清代	张习孔(1606—？)，字念难，号黄岳，安徽歙县人。	《张黄岳家训》是张习孔晚年为训示子孙所作，包括为人处世、治家教子等方面。
28	清代	张履祥（1611—1674），字考夫，号念芝，浙江桐乡人，明末诸生。学者因其居杨园村而称之为"杨园先生"。	《训子语》是张履祥晚年为训示儿子维恭而作，主要在于告诫儿子立身居家之道，希冀子孙能积善，耕读传家。
29	清代	朱柏庐（1617—1688），名用纯，字致一，自号柏庐，昆山（今属江苏）人。明生员，清初居乡教授学生。	《朱子家训》又名《朱柏庐先生治家格言》《朱子治家格言》。全文仅500余字，阐述了修身齐家和为人处世的基本原则，内容切近日常生活，言简意赅。

序号	朝代	作者介绍	作品介绍
30	清代	王夫之（1619—1692），字而农，号姜斋，衡阳（今属湖南）人，明清之际思想家。	《丙寅岁寄弟侄》是王夫之写给侄子的家信。信中指出，与人相处应和睦团结、互相支持，而不是互相嫉妒、拆台。
31	清代	李毓秀（1647—1729），字子潜，号采三，山西新绛龙兴人，清初学者。	《弟子规》原名《训蒙文》，列述弟子在家、出外、待人、接物与学习上应该恪守的规范。
32	清代	爱新觉罗·玄烨（1654—1722），即清圣祖，1662—1722年在位，年号康熙。世祖第三子。	《庭训格言》是雍正皇帝追述其父康熙平素对诸皇子的教诫之语，为语录体，内容涉及为学、为君、处世、生活之道等，共246则。
33	清代	纪昭（1717—1770），字懋（mào）园，号悟轩，晚年自号怡轩老人，献县（今属河北）人。纪晓岚之从兄。	《养知录》是训课家庭之作，旨在培养人的良知良能，分论事父母舅姑、论别夫妇内外、论处兄弟姒娌、论教子孙、论厚宗族、论御奴仆、论制财用、通论大旨。
34	清代	汪辉祖（1731—1807），字焕曾，号龙庄、归庐，萧山（今属浙江）人，清代良吏。	《双节堂庸训》是作者晚年免职返乡后为教导子孙所作，分述先、律己、治家、应世、蓄后、述师述友等内容。
35	清代	纪大奎（1746—1825），字向辰，号慎斋，临川（今江西抚州）人，清代史学家、文学家。	《敬义堂家训》是作者记录父亲平日的训诫之言，并加以推广其意而成的一部家训著作，阐述了治家、读书、教子等方面的内容。

序号	朝代	作者介绍	作品介绍
36	清代	杜堮（1764—1859），字次厓，号石樵，山东滨州人。	《杜氏述训》是作者根据杜氏数代人的教育理念而整理成的一部家训专著，反映了杜氏家族的治家和教育思想。
37	清代	刘沅（1768—1855），字止唐，又字讷如，道号清阳居士、碧霞居士，双流（今属四川成都）人。	《寻常语》是作者编辑的关于家训、格言、劝善书等，表述了天理、宽仁、立身、家教、修德等各种儒家做人处事的方法。
38	清代	王师晋（1804—1880），字以庄，号敬斋，吴江（今属江苏苏州）人。	《资敬堂家训》是作者为督责养子王伟桢而撰写的家训。全书分上、下卷，涉及读书治学、为人处世、治家育人等。
39	清代	曾国藩（1811—1872），原名子城，字伯涵，号涤生，湖南湘乡白杨坪（今属双峰）人，清末洋务派和湘军首领。	《曾国藩家书》是曾国藩写给祖父、父母、叔父、子侄等的书信集，是其治政、治家、治学之道的反映。《曾文正公家训》共收录曾国藩教子家书120篇，涉及内容广泛，大到经邦纬国、行军打仗、内政外交、治学修身，小到家庭生计、居家日常等。
40	清代	胡林翼（1812—1861），字润之，湖南益阳人，晚清中兴名臣之一，湘军重要首领。	《胡林翼家书》是作者写给父亲、叔父、弟弟、侄辈等人的书信，内容涉及修身交友、治学齐家、官场为政、军事谋略、人才选拔等。
41	清代	王子坚（1860—1924），名榴(xí)，字子坚，以字行，晚年自号半痴子，陕西三原人。	《诒穀堂家训》应为王子坚出任地方官后所作，以谈做官经验为主，强调以"诚"为主。

图书在版编目（CIP）数据

中华家训代代传.明礼篇 / 吴荣山，祝贵耀总主编；

沈益萍，陈园园本册主编 . -- 杭州：浙江古籍出版社，

2023.1

　　ISBN 978-7-5540-2417-1

　　Ⅰ .①中… Ⅱ .①吴… ②祝… ③沈… ④陈… Ⅲ .

①家庭道德 - 中国 - 青少年读物 Ⅳ .① B823.1-49

　　中国版本图书馆 CIP 数据核字（2022）第 205622 号

中华家训代代传·明礼篇

吴荣山　　祝贵耀　　总主编

沈益萍　　陈园园　　本册主编

出版发行　　浙江古籍出版社

　　　　　　（杭州体育场路 347 号　电话：0571-85068292）

网　　　址　https://zjgj.zjcbcm.com

责任编辑　潘铭明

责任校对　吴颖胤

封面设计　李　路

责任印务　楼浩凯

照　　排　杭州立飞图文制作有限公司

印　　刷　北京众意鑫成科技有限公司

开　　本　710mm×1000mm　1/16

印　　张　10.5

字　　数　117 千字

版　　次　2023 年 1 月第 1 版

印　　次　2023 年 1 月第 1 次印刷

书　　号　ISBN 978-7-5540-2417-1

定　　价　59.80 元

如发现印装质量问题，影响阅读，请与本社市场营销部联系调换。